ICTエリアマネジメントが都市を創る

街をバリューアップするビッグデータの利活用

川除隆広｜著·監修

［ICT］Information and Communication Technology
「情報通信技術」

工作舎

刊行に寄せて

デジタル社会における都市情報のマネジメントとガバナンス

柴崎亮介

デジタル情報の「都市鉱山」

都市鉱山(=Urban Mine)という言葉がある。都市には金、銀、錫、銅などがさまざまな製品や廃棄物のかたちで埋もれており、種類によっては天然埋蔵量に比べても遜色のない量が蓄積されている。このことから、「都市鉱山」という名称が生まれた。また都市では、クルマの動き、人々の活動、店舗の売上げ、企業の経済活動などに関する大量のデジタル情報が絶えず発生し、どこかに貯められている。都市はデジタル情報の大鉱山でもある。

その大鉱山をいかに上手に採掘し、有効に利用するか。これが都市を成長させるための鍵である。都市は人々や企業の集積によるメリットを享受しながらも、同時に集積により災害や事故のリスクが大きくなるため、豊富なデータ・情報を賢く使ってリスクを抑えながら、パフォーマンスを維持・向上させなければならない。

AI・IoT時代を迎え、情報を都市のためにどう上手く使うか。本書は、デジタル情報の宝の山の採掘方法を具体的に紹介する。

都市情報の「出自」と「お作法」

モバイルペイメント、GPSなどの位置センサー、スマートフォンなどが普及し、人々の活動や都市施設・空間の利用状況について、膨大な情報が残されるようになった。いったい、どんな情報が都市では発生・取得されているのだろうか。情報には以下のような「出自」(取得の経緯)と、そこから生じる利用の「お作法」がある。

❶支払いに伴って発生する情報

請求書、領収書、購入したサービスの詳細などであり、利用者情報、位置や時刻が確実に記録される。電力、通信、交通からショッピング、ランチまで、ほぼすべての人間活動がカバーされる。よく利用され、幅広く流通している。

❷公共・行政サービスのために市民から取得される情報

課税のための収入や資産情報、介護や福祉サービスのための個人・家族属性や健康情報などが該当する。これは都市に限らず、どの自治体でも同様に取得されている。利用には厳しい制約がある。

❸サービス提供のために利用者からサービス提供者に提供される情報

無償サービスであっても、ナビのための位置情報、広告やクーポン配信のための位置情報、SNSサービスのための電話帳・連絡先リストなどがある。これらも常時取得されているケースが多い。サービス提供のために利用者の同意を得て収集されるため、その範囲を超えての利用は許諾されていないなど、制約は多い。

❹その他、施設の運用管理のためなどに取得される情報

多くはカメラやセンサの情報であり、セキュリティのための監視カメラ情報、省エネのための人感センサ情報、施設の出入り人数センサ情報などがある。これらも「施設の安全確保」など特定の目的に沿って取得されるため、利用には制約がある。

本書ではさまざまな情報が、都市のスマート化に具体的に利用できる事例やメニューとして紹介されている。情報には必ずその「出自」によっていろいろな制約、そして配慮すべき利用の「お作法」がある。それらを考慮した情報の利用をいかにデザインするかというところに、センスの良さが期待される。

情報の賢い使い方

情報を上手く使えば、さまざまなメリットや変化を生みだすことができる。

そもそも、こうした情報は誰が管理し、何のために使おうとしているのだろうか?

多くのデータは、何かを購入した結果、あるいは何らかのサービスを選択、利用した結果、取得されるものである。そのため、データを管理、利用するのは商品やサービスの提供者であることが多い。いかにもっと買ってもらうか、サービスを利用してもらうかが目的になるのは当然であるだろう。

もちろん、ちょっとでも高く多く買ってもらおうというスタンスで、個人の特徴を把握しつつターゲット広告を打つケースばかりではなく、健康などその人の状況に配慮し、プロによる「真摯な」リコメンデーションを提供するケースもある。ただし、地域社会や都市全体の福祉の改善や格差の救済とは相容れないケースもある。たとえば、貧しい人に最低限の交通サービスを提供することは公共交通であれば当たり前の義務であるが、民間サービスであれば、支払い能力のない人にサービスを提供することはできない。特定の貧困地域へのサービス提供もそうである。都市や地域を越えた広い領域、ときにはグローバルな視点から個別企業の利潤を追求するのが、サービス等を提供する企業の本来の目的だからだ。

社会・コミュニティ、あるいは都市全体の福祉や生活の質の向上、安全・安心の確保のために活動するのは自治体である。実証実験などを行っているいくつかの市を除くと、データや情報を利用した活動が広まっているとは言いがたい。しかし自治体は、人々、土地・建物、経済的な状況、健康、災害対応などについての貴重な情報を所有している。個人情報保護委員会の許可や目的外使用の許可を得るプロセスを踏んで、それを安全かつより有効に利用する試みがもっとあってよいはずだが、非常に貧弱である。そのしわ寄せが将来、格差是正や弱者救済、地域衰退、インフラの老朽化などの対策へと影響するおそれがある。

また、個人も一方的にリコメンドされ、妄想や欲望を喚起されて、結局何かを買う、どこかへ行くというのではつまらない。情報資産は、自分の人生のためにしっかり使いたい。そのためには、自らに関する情報の使い方という点で個人をエンパワーする必要がある。

公共、パブリックと個人をエンパワーメントする

スマートな都市実現のための情報の高度利用を目指すには、技術開発・改善だけでなく、誰が何のために行うのかをデザインする必要がある。たとえば情報格差の弊害などを抑制・軽減しつつ、都市全体の「最適化」を実現する仕組み・体制について議論することが非常に重要である。企業に

よる情報利用は、今後も一層進歩する。その方向の中で、都市社会やコミュニティ、市民という視点が抜け落ちないようにすることが重要である。同時に自治体をはじめとする公共サイドや市民等の個人サイドの情報力を強化し、ある種のバランスを絶えず維持する仕組みが重要になる。独占の弊害などを軽減するためにも効果的である。

EUで始まった個人情報を個人に還元する仕組み、データポータビリティなども個人サイドをエンパワーする仕組みであると言える。しかし、都市や地域、そこにあるコミュニティや社会を代表する公共、パブリックをエンパワーする仕組みはまだ存在しない。

本書にある具体的な事例をさらに全国に展開するにあたり、こうした仕組みをどのようにデザインしていくか、本書を読みながら是非、お考えいただきたい。

所有と利用の分離：
データから価値を生むための社会的な仕組み

もう一つの重要な視点は、個々のデータを統合してどうやって新しく価値を生んでいくか、価値ある情報やサービスを広めていくか、である。そのためにはさまざまな知恵やアイディア、多様な視点が不可欠である。重要なデータを「所有」している人に知恵がなく、新しい価値を生む意志を持たないケースには、どう対処したらよいのだろうか。

そこで、かつて土地問題の際によく議論されたように「所有」と「利用」を分離するという考え方が適用できる。最近、注目を集めている「情報銀行」も、個人が管理する情報を、個人の信託に基づき運用する、すなわちさまざまな価値を生み出すことのできる組織や個人に利活用させる機会を与える、というものである。もちろん、信託を可能とするためには、透明性の担保、信頼性の評価、何かあったときにはデータを引き上げる権利（オプトアウトや、文字通りの「引上げ権」）などをどのように実現するかなど、課題も多いが、あきらかに「所有」と「利用」を適切な距離感で分離することができる。また銀行を通じてさまざまな企業、組織、個人が新しい価値を生む努力、工夫を一層容易に開始することができる。これが多様な視点からの良質なサービス、良質な価値を生む土壌となる。

デジタル情報を利用したスマートな都市社会を目指して

地方自治体の情報、企業の情報、個人・市民の情報といったさまざまな情報を、都市や地域の活性化に利活用する仕組みを構想することが、いかに重要かご理解いただけたのではないかと思う。

「個人」の情報銀行が進化すると、集合体としての市民と都市、あるいは地域を包含する「シビック」情報銀行が成立するのではないかと筆者は考えている。それはいわゆるプラットフォームであるが、支配しない、機会を均等に生み出すプラットフォーマーである。

デジタル情報を駆使した都市社会システムの高度化は、すべてがデジタルという流れの中で、単なるテクノロジーの適用ではなく、社会システム自体のリデザインを必要としている。本書をスタートポイントとし、有益な情報と刺激を受けた読者のみなさんが、グローバルに広がる新しい都市システムのあり方を議論していただきたい。

2018年11月

［しばさき りょうすけ　東京大学空間情報科学研究センター 教授］

もくじ

＊本文中の［文献No.］および［URL No.］については、各Partの最後のページに記載している。

はじめに

“眠れるビッグデータ”を活かすために

BigData、IoT、AI……いずれも世界的規模で進展する情報技術の呼称である。都市および建築領域に、これら高度な情報技術の活用が期待されている。では、これらの情報技術は、都市および建築、私たちの社会生活にどのような効果をもたらしてくれるのだろうか。また、効果を発現するためには、どのように情報技術を活用すべきなのか。本書の課題は、ここにある。

私はこれまで都市計画の観点から、都市のコンパクト化や最適な都市経営のあり方を対象に、オープンデータやGIS*1（地理情報システム）に基づく都市分析や政策提案、ソリューション提案などを行ってきた。そんななか、2010年前後からの携帯電話GPS*2（全地球測位システム）データの都市計画分野での利活用をはじめとし、Wi-Fiログや消費者購買履歴データなどの利活用の可能性の検証を通じ、先進都市情報が有するポテンシャルの大きさを痛感している。

1：Geographic Information System

2：Global Positioning System

半導体の性能が約18カ月で2倍になるという経験則「ムーアの法則」をご存知だろうか。いまや実社会での生成情報量、可処分（利用可能な）情報量の増大（ビッグデータ化）は、ムーアの法則さながらの展開を見せている。ただし、これら先進都市情報には具体的な活用例が存在しない。加えてデータの精製（クレンジング）の難しさから、期待は高いものの、都市がかかえる課題を解決するための処方箋がうまく見いだせていない。こうした現状により、一般的には、取得済みデータの多くは、データサーバに蓄積されたまま、まさに眠れる資源の状態である。

本書の目的は、都市および建築領域におけるICTを活用した都市マネジメントの方向性を示すことである。そして、地域の価値（エリアバリュー）を高度化させるデータ利活用型都市マネジメントの一つとして「ICTエリアマネジメント」を解説・紹介する。

良質な都市マネジメントの実現に向けては、飛躍的に成長する情報技術を、いかに都市マネジメントのPDCA*3サイクルに組み込むかがポイントと考える。そこで本書では、都市および建築に係る具体的な課題として、「平常時」、「災害時」、「安全・安心」、「経済」、「環境エネルギー」、「これからの新たな価値創造」の六つの領域を取り上げ、現時点までに構築してきた先進都市情報の活用例を示すこととした。活用例自体はいまだ道半ばで、さらなる深掘・拡張・検討が必須であることは言うまでもないが、今後のICTを活用した都市ならびに建築マネジメントの実用化・実装化・進展に資する一例となるものと思う。

3：Plan-Do-Check-Act
Plan（計画）→Do（実行）→Check（評価）→Act（改善）
業務の改善にあたり、この4段階を繰り返すことが効果的であるという提案の一つ。

本書の出版にあたっては、都市および建築領域と情報技術に関心をいだく方々を読者と想定した。主として実務的な観点から先進性・将来性を解説・紹介することに力点を置き、簡潔な文章とわかりやすい図表により、都市や建築、情報技術などの専門知識がなくともご理解いただけるよう心掛けた。

都市および建築の専門家だけではなく、行政（国、自治体）、NGO、NPO、環境関連事業者、デベロッパー、不動産事業者、鉄道事業者、ICT関連事業者、データ保有企業、コンサルタント、研究機関、大学教員、学生など、都市情報の利活用に関心のある多くの方々に手に取っていただければ幸いである。「ICTエリアマネジメント」の必要性・有効性が理解されるとともに、21世紀の都市を創る、将来の都市インフラの一つとして定着されていくことを願ってやまない。

ここでは、都市におけるビッグデータ利活用に関する現状とそのポテンシャルについて紹介する。具体的には、変化する都市構造と都市力、都市情報活用に関する政策動向、情報技術の進化と都市マネジメント、ICTまちづくりのポテンシャル、エリアマネジメント、ICTを活用した都市のバリューアップについて取りあげる。

Part I.
都市の現状と計り知れない可能性

変化する都市の構造と力

地価バリューマップを読む

都市は生き物である。老朽化もすれば、再生の可能性も秘めている。

街が形成され、社会経済的成長に応じて再開発が実施されてきた。近年では都市再生の観点から、都市の主要拠点部の再々開発が進む。一例として、都市開発が都市のバリューにどのような影響を与えているかを地価バリューマップ（Land Value MAP）（図1・2・3）をもとに考えてみよう。

地価バリューマップは、都市構造・都市力の変化を多様な観点から分析・評価・把握するものであり、オープンデータ（「地価公示データ」と「都道府県地価調査データ」）をもとに作成、可視化している。これら地価バリューマップの活用により、次の3点についての評価が可能となる。

❶ 時代の変遷とともに都市構造と都市力がどのように変わってきたかを直観的に把握

❷ 一定の期間における平均的な地価上昇に比べて、より上回っていたか（下回っていたか）を分析

❸ 大規模都市開発や鉄道開業などの実施が、土地のバリューにどのような影響をもたらしたかを把握

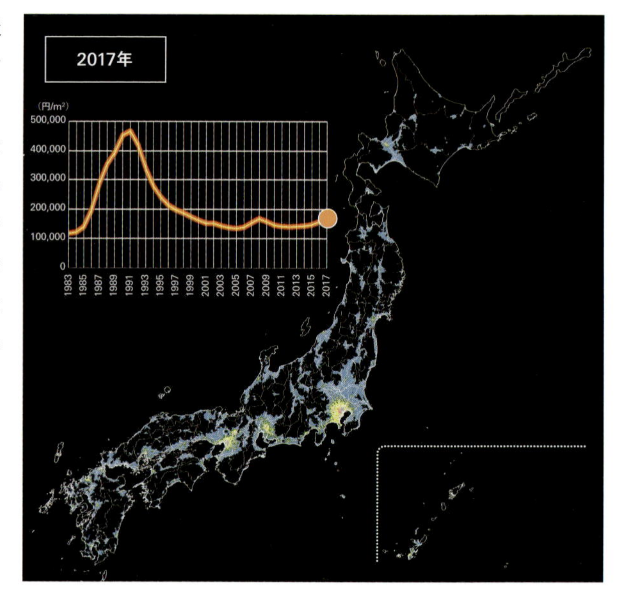

［図1］地価バリューマップ（全国版）
関連公開図＝http://www.nikken-ri.com/idea/inv/lvmap.html

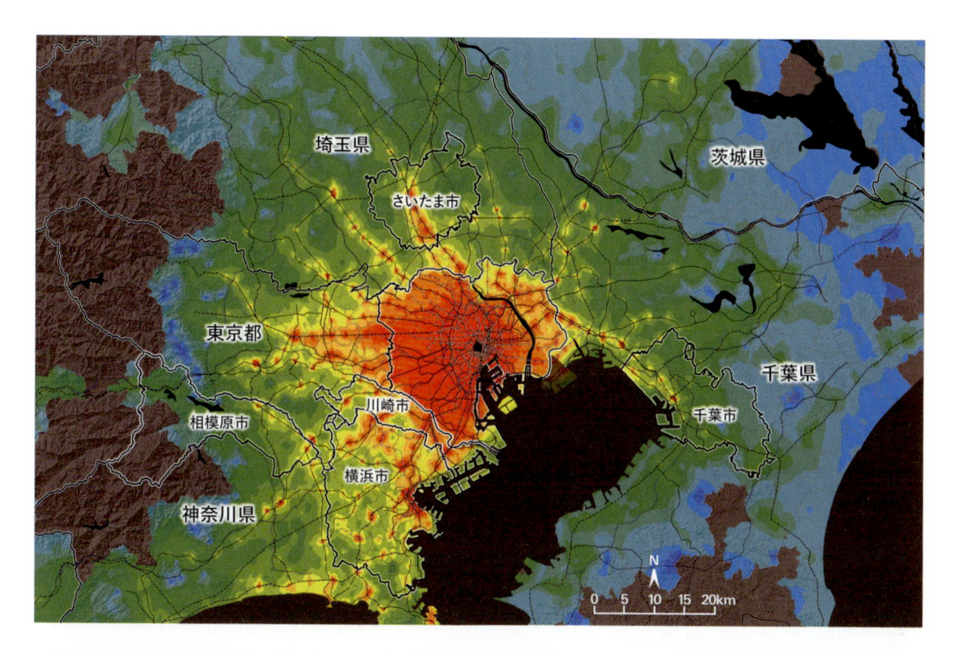

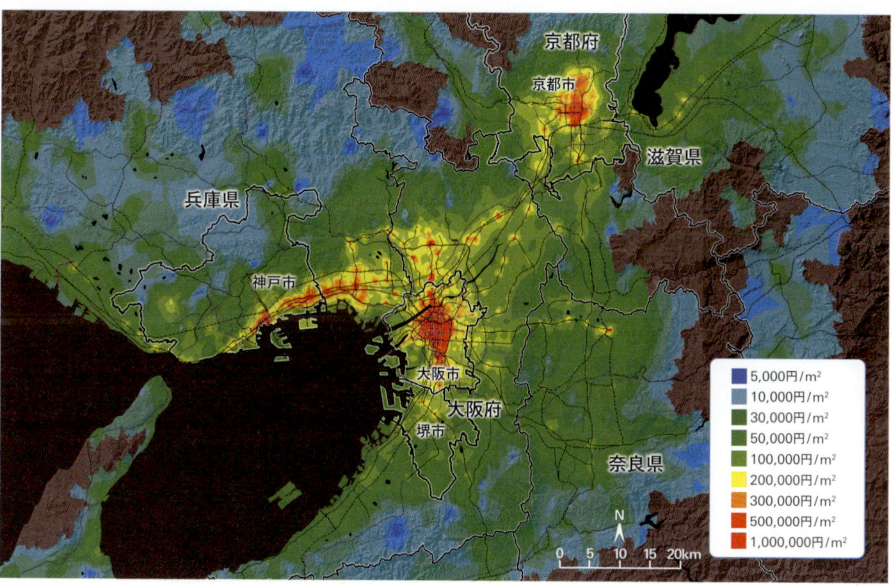

[**図2**] 地価バリューマップ(東京圏:拡大版)
[**図3**] 地価バリューマップ(近畿圏:拡大版)

都市の開発とバリューアップ

東京23区内（図4）を例に、2000年以降の主要な事業（大規模都市開発、鉄道開業）を対象とした地価の変化を見てみよう（図5）。

一般に、東京ミッドタウン（港区赤坂）や東京スカイツリータウン（墨田区押上）に代表される都市の新たなランドマークを創出する大規模都市開発や地域の交通利便性を高める鉄道開業は、エリアの価値を高め、その周辺を含み地価の上昇をまねくといわれている。こうした事象を時系列的に可視化・計量化すれば、エリア開発、個別プロジェクトの有効性ならびに施策の効果をわかりやすく、適切に各種ステークホルダーに伝えることができる。

一例として大規模都市開発を取り上げた図6からは、3年次（1983年→2000年→2017年）の地価の変化（上昇or一定or下落×2時点）が読み取れる。主要な都市開発エリアの地価は、開発後にすべて上昇に転換・維持しており、都市開発による再生が都市のバリュー（都市力）を維持・向上させていることが確認できる。

ただし、これは従来のハード面を主体とした都市のバリューアップ例である。今後は、既存の都市施設や社会インフラのストックを最大限に活かすICTなどのソフト面を活用した都市のバリューアップが期待される。また、その重要性・有効性がより増すものと思う。

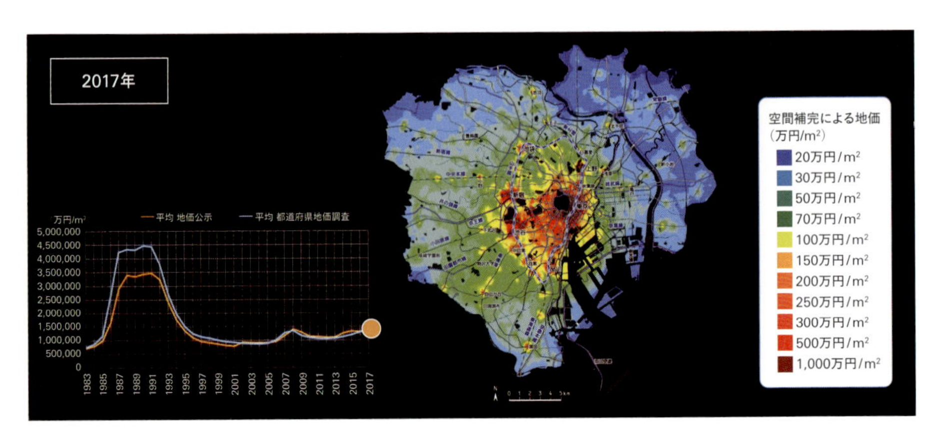

［**図4**］地価バリューマップ（東京23区：拡大版）

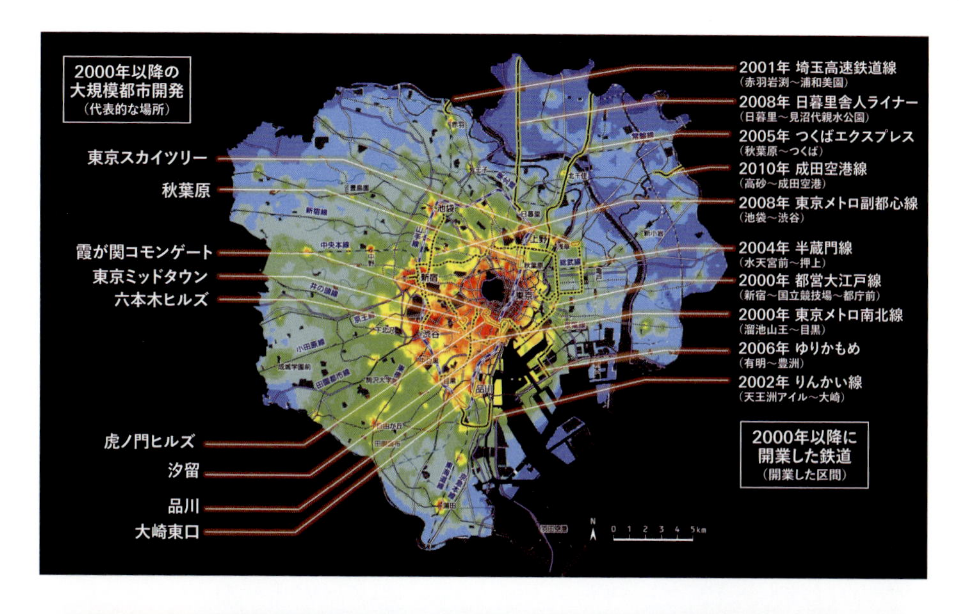

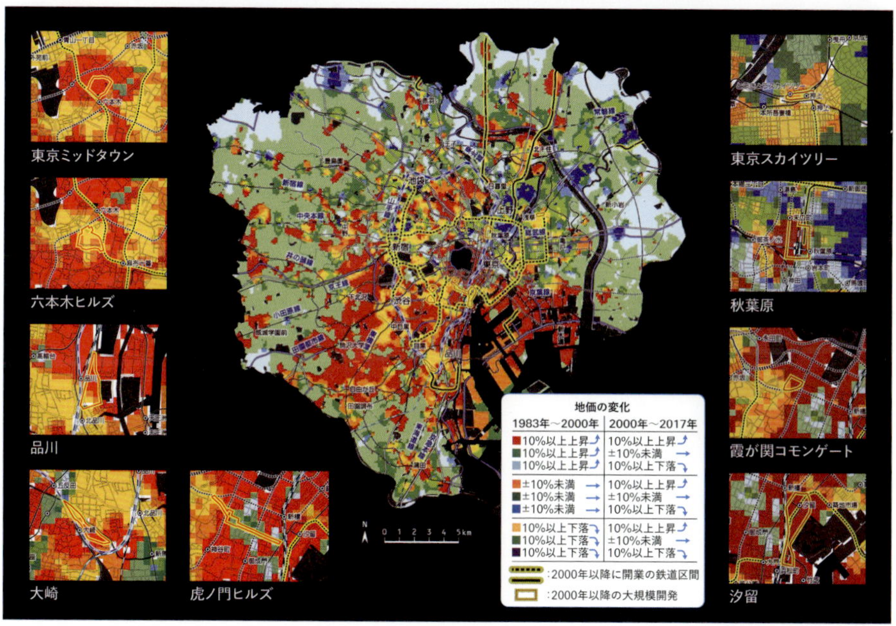

［**図5**］東京23区内の2000年以降の主要事業例（大規模都市開発、鉄道開業）
［**図6**］大規模都市開発を例とした地価の変化

都市情報からの第4次産業革命

多様な経済主体に応える

都市には、多様な主体が存在する。経済学の定義にならうなら、都市の経済主体は、大きく「家計(住民)」「企業」「政府(行政)」の三つに分類することができる。

「家計(住民)」は、われわれ生活者のことであり、労働力や土地を提供して所得を稼ぎ、その所得で購入する財やサービスから得られる効用が最大になるように消費の選択を行う主体である。「企業」は、生産や流通活動を行い、社会に財やサービスを提供するとともに、投資費用から得られる利潤が最大になるよう行動する主体である。「政府(行政)」は、国や自治体の社会経済活動全体の調整を目的に、家計や企業から租税を徴収し、必要に応じて配分・支出し、市場の環境を整え、民間市場において提供されない(されにくい)公共サービスや社会保障を提供する主体である。

いわゆる「近代化」として、第1次産業革命(機械化)、第2次産業革命(大量生産)、第3次産業革命(自動化)を通じ、社会経済は豊かになってきた。一方、近年の東京をはじめとするニューヨークやシンガポール、バルセロナなどの大都市では、第4次産業革命ともいわれるビッグデータ、IoT*1(モノのインターネット)、AI*2(人工知能)などを積極的に活用した超情報化社会に突入しつつある。情報技術の活用は、都市の経済主体や経済活動にどのような変化をもたらし、どのような社会的利便性や、新たなビジネスチャンスをもたらすのだろうか(図7)。

1 : Internet of Things

2 : Artificial Intelligence

超情報化社会が求めるサービス

大都市、たとえばニューヨークでは観光サービス向上を目的に、2015年から既設の公衆電話を、無料インターネットアクセス、デジタル掲示版、照明、Androidタブレットなどの機能を兼ね備えたWi-Fiステーションへと切り替えが進められている。バルセロナでは行政サービスの効率化を目的に、街路灯管理、公共施設のエネルギー管理、交通、雨水再利用、スマートパーキングなどのスマートサービスの提供を開始している。

都市には、実施できるなら一定の社会的改善効果が見込まれながらも、コストや人手の制約によって管理対象外となっていることがある。具体的には、公共交通機関（電車・バス）の車両内の混雑把握、路上駐車の常時取締まりによる交通緩和、全建物のエネルギー使用量のリアルタイム把握などである。超情報化社会では、これらをIoTによる低コストのMtoM*3管理が可能である。すでに、生産性・効率性の向上に直結しやすい製造業や物流・交通などの監視・管理へ積極的な取組みがなされている。

3：Machine to Machine

情報技術を活用した都市の高度化への取組みは、そこで生活するすべての経済主体：家計（住民）・企業・政府（行政）に、利便や便益の向上をもたらすであろう。人々の社会生活にバリューアップをもたらすICTを活用した都市マネジメントの確立こそが待たれる。

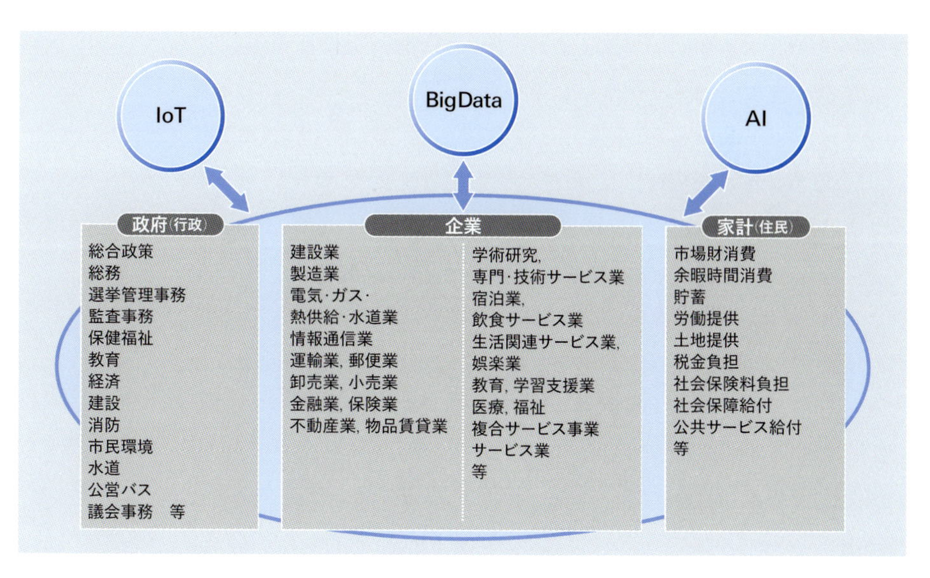

［図7］都市の経済主体と活動領域

情報のマッシュアップ

都市の空間に係る情報といえば、即座にグーグルマップなどを思い浮かべる人が多いのではないだろうか。グーグルマップは、アメリカのGoogle社が提供する、地理情報システムGISを用いたサービスの一つである。わが国においても都市の空間に係る情報としては、国土地理院の地図だけではなく、総務省の国勢調査、経済産業省の経済センサス、国土交通省の国土数値情報などから人口(夜間人口/昼間人口)、従業者、就業者、販売額、産業、インフラ整備などの情報が整備・公開されている(図8)。地理的位置に関する情報を持つこれら都市空間データを、GISにより総合的に加工・可視化することで、分析や付加価値情報を導き出すことができる。

都市の空間情報に関して、昨今はGPSによる移動体位置情報やIoTのセンサー情報、ICTによるコミュニケーション情報が飛躍的に増大している。先進都市情報のビッグデータ化という現象である。これまでの空間情報が静的かつ離散的であるのに対し、ビッグデータは時間の間隔が短い。つまり、動的情報の性質を強く持っている。また、先進都市情報のビッグデータ化は、上記以外にも、環境・気象情報やマーケティング情報、健康・ライフログ情報など多岐にわたる。

では、これまでの空間情報に加え、新たな先進都市情報をどのように都市マネジメントに組み込み、高度化を図るのか。都市マネジメントにより、付加価値情報を市民に提供し、最適な都市経営を実現しようと、都市ならびに情報技術に関わる多くの関係者が命題とするところである。

新たな付加価値情報を導き出すには、複数の都市空間情報をマッシュアップ(レイヤーとして重ね合わせ)する必要がある。情報のマッシュアップとは、料理にたとえるなら、単一の素材だけでなく、いくつかの素材を組み合わせることにより、より味わい深くなるといったところだろうか。データについても同様のことが言える(図9)。

また、ここで大切なのは、1.データ、2.解析力、3.継続的なデータ収集力である。アメリカのサンフランシスコ市では、"SF OpenData"の名称のもと、上記の1と3について市が収集した行政データをオープン化し、2について市民や企業が社会生活向上のためデータを利活用する官民協働モデルが進められている。

さらにもう一つ、継続性を発揮するためには、社会的改善に加え、収益を生み出す「マネタイズスキーム」の構築が不可欠である。これらが揃うことでICTを活用した都市マネジメントが可能となり、主要な都市拠点を対象としたICTエリアマネジメントの舞台が整うことになる。

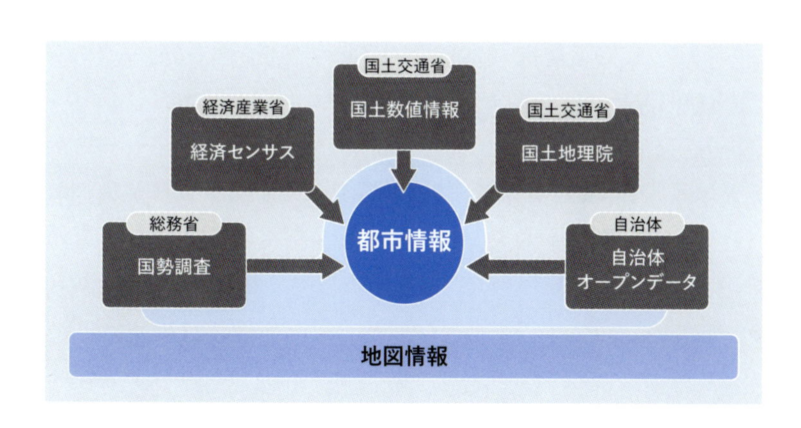

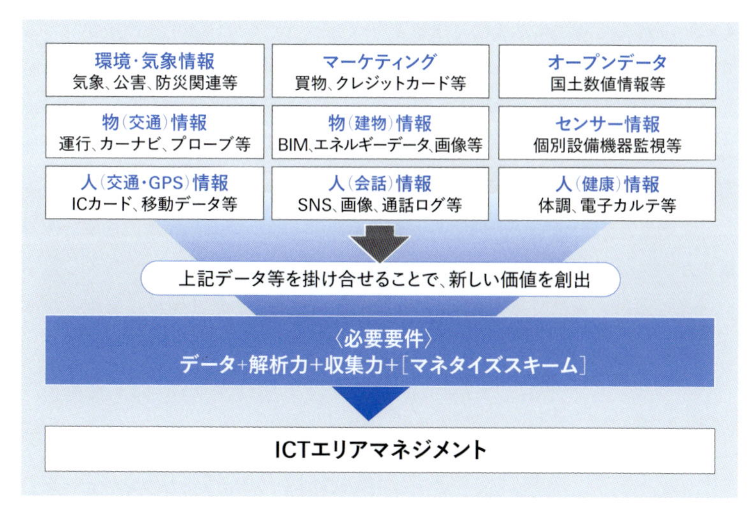

[図8] 都市に係る空間情報(オープンデータを例として)
[図9] 都市情報のマッシュアップによる価値の創出

政策を背景に情報の利活用を推進

先進都市情報にはさまざまな個人情報が関連することが多く、プライバシーに留意しなければならない。

わが国では、インターネットの急速な普及などで、不正アクセスやコンピュータウィルスなど情報セキュリティに関わる問題への危機感が高まり、サイバー攻撃対策に関する国の責務などを定めたサイバーセキュリティ基本法が2016（平成28）年に制定されている。個人情報保護法（2015〈平成27〉年改正）は、各種情報にはプライバシーへの留意があるものの、その利活用は社会的公益性を向上させる可能性が高いことを踏まえ、パーソナルデータの安全な流通を図ろうと制定された。

そして、大きな課題の一つに、少子高齢化対策がある。課題解決には、インターネットなどで流通する多様かつ大量の情報を、国や自治体、民間事業者が利活用しやすいように環境を整備することが重要となる。2016（平成28）年に官民データ活用推進基本法が制定されている（図10）。

官民データ活用推進基本法の概要（法第一条より）

インターネットその他の高度情報通信ネットワークを通じて流通する多様かつ大量の情報を活用することにより、急速な少子高齢化の進展への対応等のわが国が直面する課題の解決に資する環境をより一層整備することが重要であることに鑑み、官民データの適正かつ効果的な活用（「官民データ活用」という。）の推進に関し、基本理念を定め、国等の責務を明らかにし、並びに官民データ活用推進基本計画の策定その他施策の基本となる事項を定めるとともに、官民データ活用推進戦略会議を設置することにより、官民データ活用の推進に関する施策を総合的かつ効果的に推進し、もって国民が安全で安心して暮らせる社会及び快適な生活環境の実現に寄与する。

以上を背景に、2016（平成28）年度には「データ利活用型スマートシティの基本構想、総務省情報通信国際戦略局」が取りまとめられた。また2017（平成29）年度には、当基本構想の実現に向けた「データ利活用型スマートシティ推進事業」が開始された（図11）。具体的には、産官学が一体となり、都市や地域の機能やサービスを効率化・高度化し、生活の利便性や快適性を向上させ、人々が安全・安心に暮らせるまちづくりを目標に、複数分野のデータを収集・分析する。それとともに、基盤（プラットフォーム）の整備を進めるというものである。そして、成功モデルの横断的な展開を想定して、ベンチャー企業の参画を促す環境整備も行われている。

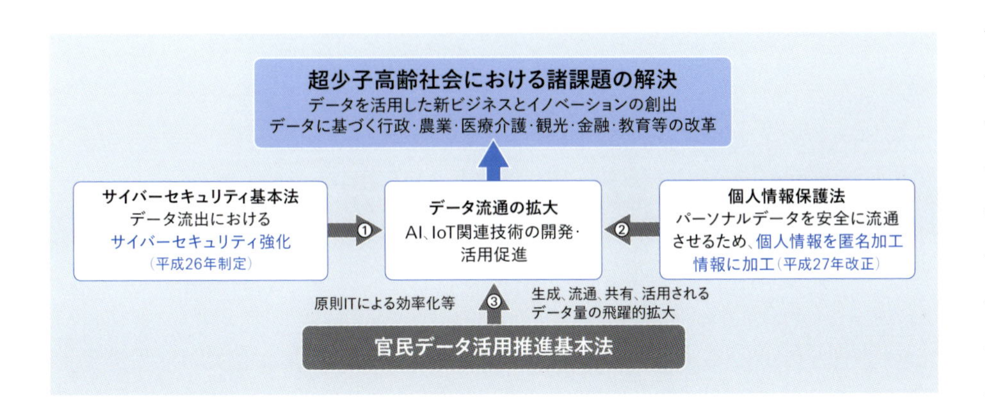

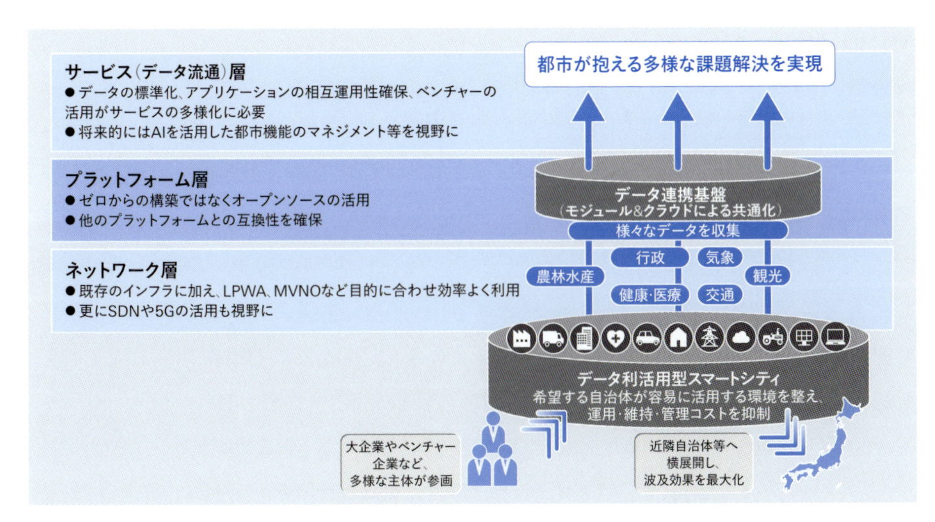

［**図10**］官民データ活用推進基本法制定の背景
出典：「官民データ活用推進基本法について、平成29年3月」より作成
［**図11**］データ利活用型スマートシティの基本構想（総務省）
出典：「ICT街づくり推進会議スマートシティ検討WG第一次取りまとめの概要、平成29年1月」より作成

情報技術の進化と都市マネジメント

情報技術、その世界的動向

データ利活用型都市マネジメントのための情報技術の世界的動向を概観しておこう。

インターネットをはじめとするICTによる、国際的なデジタルデータ量は、2010年を1とすると、2020年には約40倍に増加すると予測されている（図12）。今後、良質な都市マネジメントを実現するには、飛躍的に成長する情報技術の方向性を適切に認識し、いかに都市マネジメントのPDCAサイクルに組み込むかがポイントとなるだろう。

ところで、一般的に技術の成長は線形的か指数的かとの議論がある。線形的つまり線が伸びるように線形関数的（直線的）なのか、それとも指数関数的（曲線的）に急激なのか。お気づきのように、情報技術は指数的成長を遂げている。つまり、指数的成長に代表されるムーアの法則（→p.012）の適用領域が拡大しているということである。

この傾向は、身の回りにあるあらゆるモノがインターネットにつながる仕組みIoTによって、さらに加速する（図13）。現在のネット接続機約80億台が、2020年には500億台、2030年には1兆台になるといわれている［文献1］。これは、都市空間ならびに都市施設に係る運用情報量およびその利用者に係る情報量が、指数的に増えることを意味している。こうした膨大な情報を適切に分析評価することが、データ利活用型の都市マネジメントの可能性を開くことは言うまでもない。とはいえ、当然ながら情報洪水となるリスクも秘めている。こうしたリスクを回避するには、事前に得られた情報を分析し、都市の適切な経営管理指標：KPI*4（重要業績評価指標）を見きわめなければならない。KPIを継続的にモニタリングし、ICTを活用した都市マネジメントを実践するアプローチが重要となろう。

4：Key Performance Indicator

KPIは、最終的な目的実現のための主要かつ代表的な中間管理指標である。身近な例では、企業の売上向上を最終目標とした時の営業担当者の顧客訪問回数や企画提案数、さらに私たちの健康管理のための人間ドックの個別診断指標（BMIやγ-GTP等）もKPIに該当する。

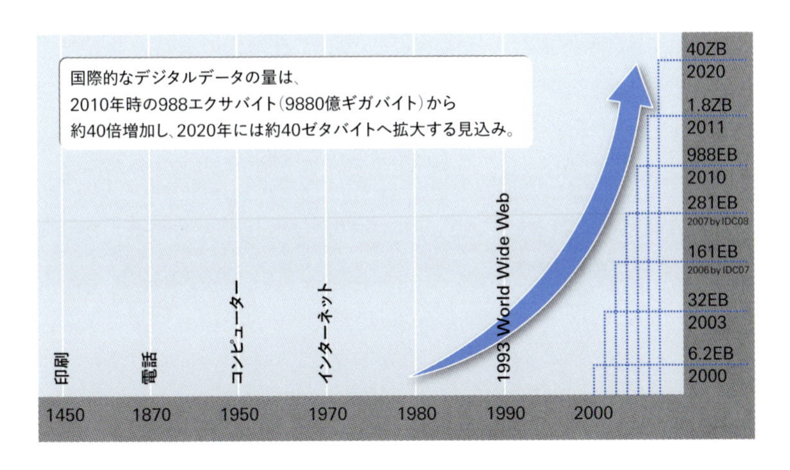

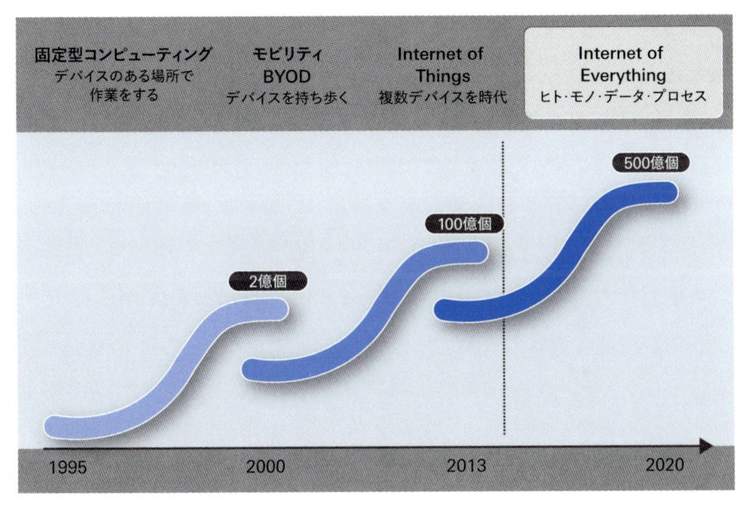

［図12］デジタルデータ量の増加予測
出典：「総務省／平成26年版情報通信白書」をもとに作成
［図13］インターネットにつながるモノ（IoTデバイス）の数
出典：「総務省／平成27年版情報通信白書」をもとに作成

国内オープンデータへの取組み

オープンデータ(Open Data)とは何か。特定のデータが、一切の著作権、特許などの制限なしで、すべての人が望むように利用・再掲載できる仕組みのことである。わが国でも、東日本大震災の体験から、オープンデータの機運が高まってきた。震災直後に大手自動車メーカー4社が、これまで個々に運用してきた車両走行データを共同公開し、震災後の道路の通行可能状況の把握(通行可/不可)に役立てた例などが知られている。

これまでにも、2012年に高度情報通信ネットワーク社会推進戦略本部(IT総合戦略本部)が「電子行政オープンデータ戦略」を策定し、オープンデータの取組みを推進している。先に上げた総務省の国勢調査、国土交通省の国土数値情報が代表的である。また、東京メトロが2014年に、未公開だった全線のリアルタイムの列車運行情報や列車位置情報を外部に提供し、オープンデータ活用コンテストを催すことで、より便利で快適になるためのアプリケーションを広く一般から公募した例もある。優秀アプリは実際に配布・活用されている。さらに、先述の「官民データ活用推進基本法」においては、国、地方公共団体、事業者が保有する官民データの容易な利用方針として「オープンデータ基本指針」が取りまとめられた。ここでは、オープンデータ・バイ・デザイン(公共データについて、オープンデータを前提として情報システムや業務プロセス全体の企画、整備および運用を行うこと)の考えに基づき、国、地方公共団体や事業者が、公共データを公開および活用するうえでの基本方針が整理されている。

政府の代表的なオープンデータカタログサイトDATA. GO. JPがある。二次利用が可能な公共データの案内・横断的検索を目的とするこのサイトによると、オープンデータ(府省全体)は直近4年間(2013~2017年度)で88%増加しており、今後とも増加が想定される(図14)。2017年時点で省庁別には、国土交通省(3,858件)と経済産業省(2,867件)の公表が多い状況にある。

一方、経験されている方も多いと思うが、情報を活用しようとすると、知的所有権法や著作権法が障害になる場合がある。そのような法的問題を回避しようと、クリエイティブ・コモンズ(Creative Commons、略称: CC)が推進されている。先進例としては、福井県鯖江市の「データシティ鯖江」がある。ここでは、開かれた政府（オープンガバメント）の実現を目指し、積極的に行政データをオープンデータ化して多方面での活用を進めている。データシティ鯖江においても、データライセンスとしてCCが採用されている。

国際的プロジェクトであるCCは、著作物の適正な再利用の促進を目的として、著作者自らがさまざまなレベルの再利用ライセンスを設定し、著作物の有効利用を促進する制度として普及が図られている。CCは、オープンデータ推進・活用時の有用な仕組みといえよう。

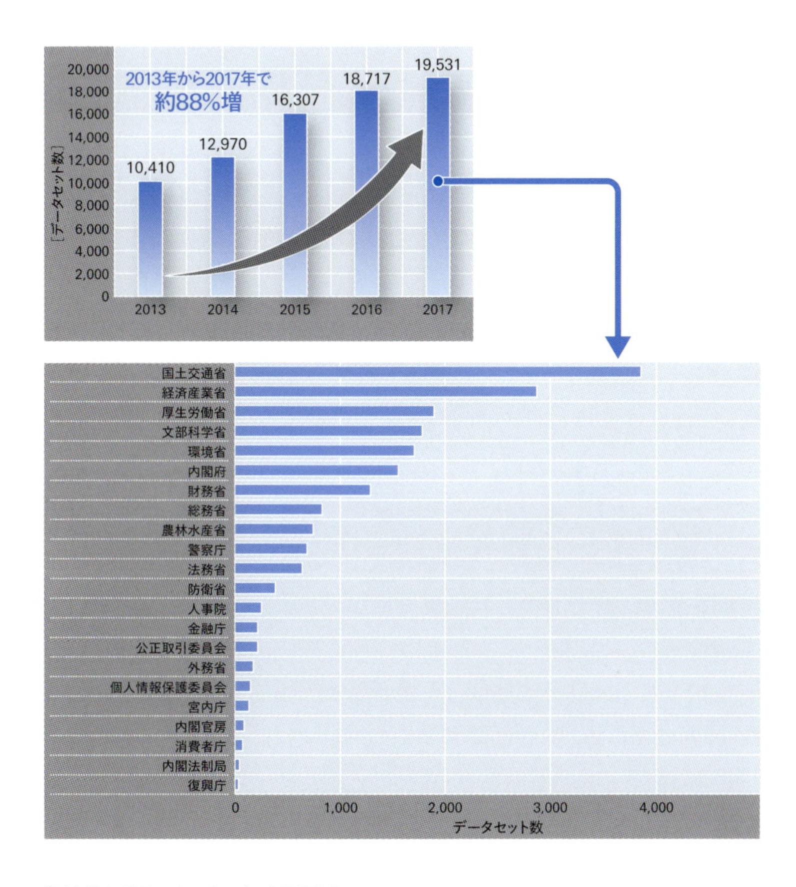

［**図14**］わが国のオープンデータ推進動向
出典：「IT DASHBOARD（http://www.itdashboard.go.jp/Statistics/opendata）」より作成

都市機能の集積具合を把握する

東京23区「業務と商業」の建物床集積

都市機能の集積動向を、建物床から把握してみよう。ここでは、都市活動の主要施設となる「業務施設」および「商業施設」を可視化する。

データは株式会社ゼンリンの建物ポイントデータ(2015年版)を活用する。ゼンリンの建物ポイントデータは、住宅地図のGIS版であり、全国一律に床用途や概算面積が整備されている商用データベースである。東京23区を対象とした建物床集積(業務と商業)の可視化を示すと図15のようになり、主要な拠点周辺に建物床が集積する傾向が確認できる。先にあげた地価バリューマップ(→p.018)とよく似た傾向にあることがわかるだろう。

上記はマクロ的集積傾向であるが、よりミクロな集積傾向を把握しようと、主要な交通結節点(任意の8駅)を選び、建物床の集積状況をクローズアップしてみたのが図16である。予想どおり、池袋駅、渋谷駅周辺は建物床(業務と商業)が概ね駅から半径500m内(0m〜500m)に集中している。新宿駅、品川駅、六本木駅、上野駅も、やや緩やかであるものの同様な集積傾向を示している。東京駅、新橋駅周辺は、業務・商業床がJR山手線に沿って密集している。それでも、駅から半径500m内(0m〜500m)を中心に概ね半径1km(0m〜1000m)に大規模施設が寄り集まっていることが確認できる。

つまり、都市の建物床集積は均質ではなく、競争力の高い都市エリアは、建物床から見て比較的集積エリアが限定されているのである。主要な交通結節点の建物床集積は、定性的には主要な交通結節点から半径500m〜1kmに納まっているといえよう。

一方、今回は可視化の分析対象としていないが、大阪や名古屋といった大都市圏や他の政令指定都市では、建物床集積は少し狭まるものの、主要な交通結節点からは概ね半径500mエリア（0m〜500m）での集積傾向が高いものと推察される。

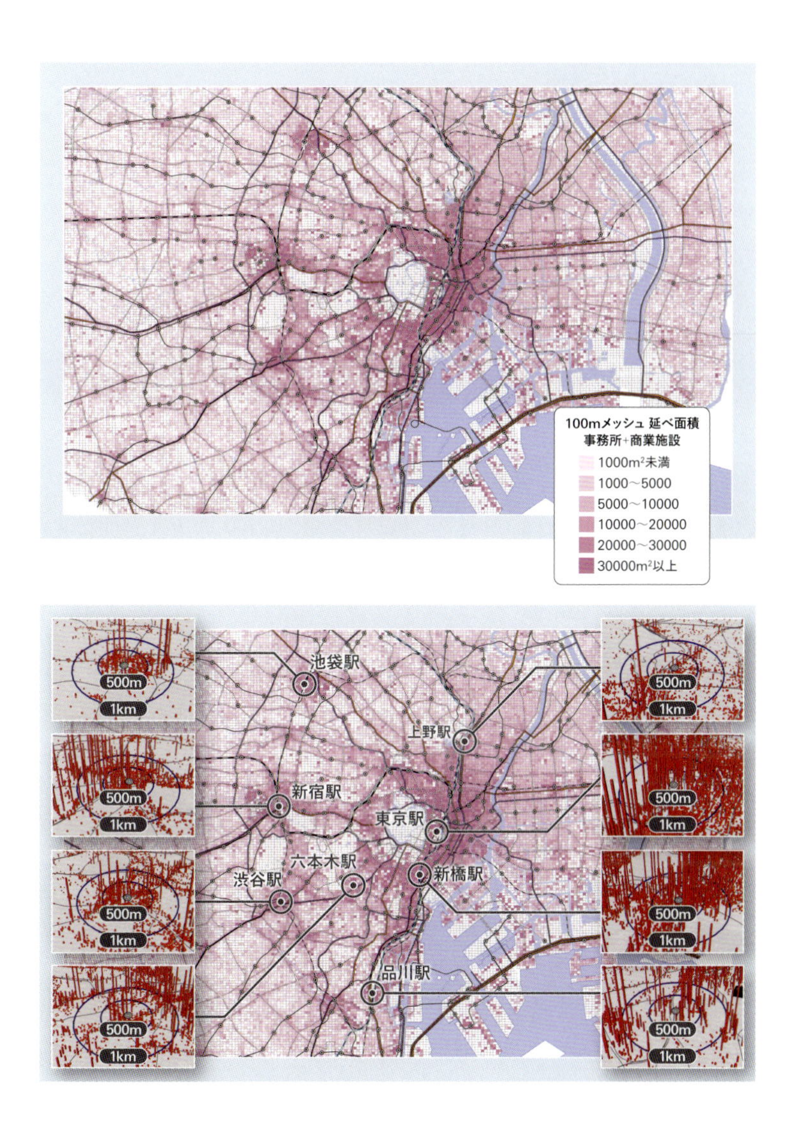

［図15］東京23区 建物床集積〈業務と商業〉
［図16］主要交通結節点の建物床集積〈業務と商業〉

昼間人口「500mメッシュ」からの分析

次に、人の動きから都市機能の集積動向を把握してみよう。そのエリアに住んでいる人口、すなわち常住人口（夜間人口）ではなく、そのエリアに通勤・通学している昼間人口（買い物客などは含まない）をもとに可視化を行う。データは「平成22年国勢調査、平成21年経済センサス基礎調査のリンクによる地域メッシュ統計」を活用する。当データは500mメッシュに加工されていて、昼間人口に関しては、もっとも詳細なメッシュのデータベースである。東京23区を対象とした昼間人口を可視化すると図17のようになり、前出の建物床（業務と商業）や地価バリューマップとよく似た傾向を示している。

人口集積をよりミクロに把握するため、前出と同じ主要な交通結節点（任意の8駅）を対象に、昼間人口の集積状況をクローズアップしてみたのが図18である。先程の建物床の集積に比べると、昼間人口の集積はより狭い範囲で顕在化している。具体的には、池袋駅、品川駅周辺は、昼間人口が概ね駅から半径500m内（0m〜500m）に集積している。もう少し緩やかな傾向ではあるが、新宿駅、渋谷駅では同様な集積傾向を示している。六本木駅、上野駅周辺は街の特性も影響し、昼間人口が他駅周辺に比べて少ない。東京駅、新橋駅周辺は、建物床同様にJR山手線に沿って密集連担しているが、建物床に比べ昼間人口は駅から半径500m内（0m〜500m）を中心に半径1km（0m〜1000m）に、より集積していることが確認できる。

すなわち、物理的な都市施設の建物床自体は、主要な交通結節点から概ね半径500m〜1kmに集積しているが、昼間人口の集積はより狭く、主要な交通結節点から概ね半径500m（0m〜500m）の範囲となっている。すなわち、ハードの集積に比べ、人々はより利便性の高いエリアを選択しているといえる。

これらの示唆を踏まえると、ICTを活用した都市マネジメントを実施するには、都市域を全面的かつ均質的に実施するのではなく、建物および人々が集積している一定のエリア（例えば、主要交通結節点から半径500m内）にターゲットを絞るべきだろう。そうすることにより、早期に成功例を導き出し、かつ投資効率ならびに受益者数の観点からも有益であると考える。

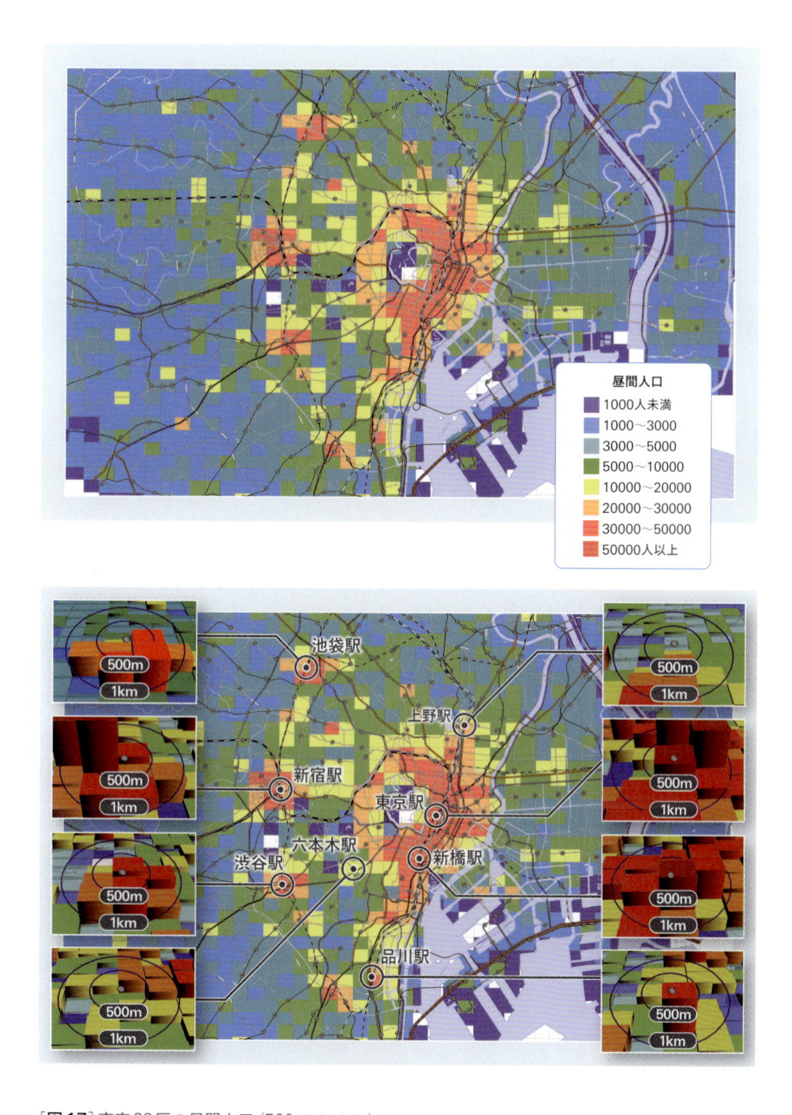

[**図17**] 東京23区の昼間人口〈500mメッシュ〉
[**図18**] 主要交通結節点の昼間人口〈500mメッシュ〉

ICTによる街づくりの実現に必要なこと

スケール別ポテンシャル例

ICTを活用した良質な都市マネジメントの実現には、情報技術の進展と都市の変化を踏まえ、マネジメント対象の早期の設定が重要となる。図19にICTを活用する場合の建築・都市におけるスケール別ポテンシャル例を示す。この図は、国内外の情報企業・機関ならびに不動産関連機関などの計15社との意見交換を踏まえて作成したものである。下から、ミクロ→マクロの順で、人→建物→エリア→都市→都市間のスケールで整理している。

人レベルから具体的なポテンシャル例をみると、建物内の人の流れがあげられ、商業施設やオフィス内の人流最適化が対象領域となる。

建物レベルでは、ファシリティマネジメント(FM*5)による維持運営費用の最小化、レイアウトの最適化、不動産関連では運用管理と資産評価、エネルギーに関してはエネルギーマネジメントがあげられる。防災については、建物レベルでは事業継続計画(BCP*6)、エリアレベルでは地域継続計画(DCP*7)があげられる。

エリアのレベルとなると、街区としてBCD*8を兼ね備えたICTエリアマネジメント(→p.036)が対象となる。駅周辺エリア(街区)を大きな点と捉え、線(鉄道)でつながるとみるとICT鉄道沿線マネジメント(→p.038)への展開となる。

都市レベルでは、さまざまな都市活動を最適化するスマートシティに代表される都市経営(自治体マネジメント)が対象となる。

さらに、都市間レベルでは、広域トリップや物流などに代表される都市間交通、物流、広域エネルギー、観光(インバウンド)などがあげられよう。

一方、図20に示す産業別ICT利活用状況(スコア)からは、製造業、情報通信業がもっともスコアが高く、進んでいると言える。建築・都市領域に関連する不動産業、電気・ガスなど、運輸のICT利活用のスコアは、製造

5 : Facility Management

6 : Business Continuity Planning

7 : District Continuity Planning

8 : Business Continuity District

業の1/2強程度に留まっている。

人々の生活空間であり、多くの人々が利活用する都市の良質なマネジメントの実現に向けては、ICTを活用したマネジメントの具体的領域を見きわめ、建築・都市領域のICT利活用を早期に高める必要があると考えている。

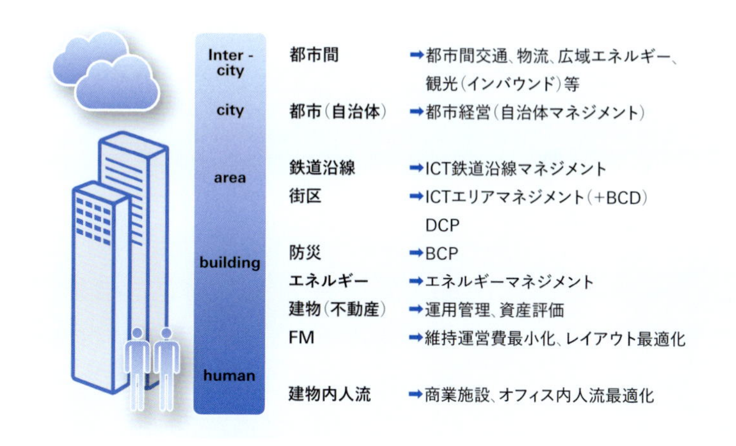

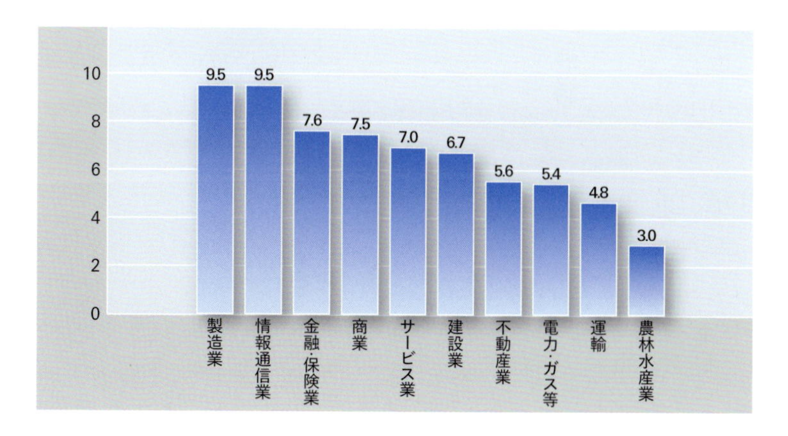

[図19] ICTを活用したマネジメントの領域(スケール別ポテンシャル例)
[図20] 産業別ICT利活用状況(スコア)/出典:「平成26年版 情報通信白書(総務省)」のデータをもとに作成

主要拠点エリアからの取組み

ICTを活用した都市マネジメントとして、早期に成功例を導き出すには、都市域を全面的かつ均質的に実施するのではなく、建物と人々が集積しているエリアにターゲットを絞り込むことが重要であり、これがICTエリアマネジメントである（図21）。このようなエリア（都市活動の拠点）を対象とすれば、ICTを活用したマネジメントから得られるサービスの受益者は多く、ICTエリアマネジメントは早期に成功例を導き出すこととなるだろう。

ある一定エリアの価値を高めることを目的に、民間企業群（デベロッパー、鉄道事業者、地権者など）が主体的に運営・管理を行えるようになることが望ましい。そのようなICTエリアマネジメントを推進する組織の主導のもと、ICT等関連企業と地元自治体が関与してゆくことが効果的と考える。

ICTを活用したエリアマネジメントは、平常時には来訪者の利便性の向上を最大の目的として、街区および建物内の移動を最適化し、移動支援、買物支援、オープンスペースなども含めた場の魅力創出・向上を図る。一方、来訪者の安全・安心を確保するため、BCPやDCPの機能を向上させるBCDの実現を目指し、発災時には避難誘導や帰宅困難者対策の円滑化、インバウンド（訪日外国人）を含めた観光客の対応支援の強化を図る。

このように、ICTエリアマネジメントは、従来の主要拠点部の再開発に代表されるハード主体のエリアのバリューアップに加え、都市のストックを最大限に活用するICTなどのソフト施策を導入した新たなエリアマネジメントの推進を意図している。もちろん、再開発をともなわない既存の街・エリアにおいても、ICTエリアマネジメントの導入は可能である。

ICTエリアマネジメントにより、対象となるエリアから得られたデータを分析することで、エリアのさらなるバリューアップを目指したPDCAに至ることができるはずである（図22）。また、官民連携でICTエリアマネジメントを推進するなら、来訪者の利便、安全・安心が向上し、エリアのにぎわいが維持向上する。その結果、民間事業者にとっては収益ならびにブランド力などが向上し、地元自治体には税収増などが見込まれる。ダブルウィン（Win-Win）の関係が図られるのである。

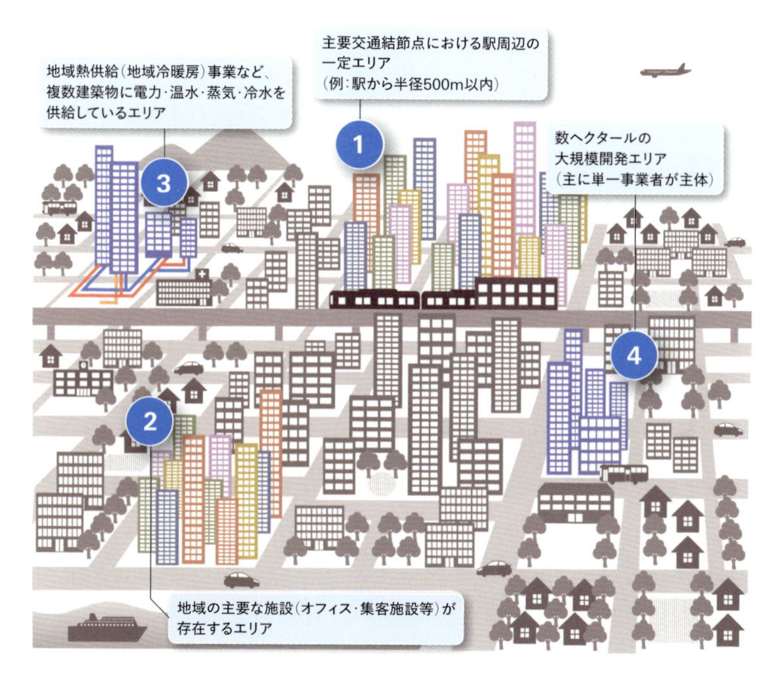

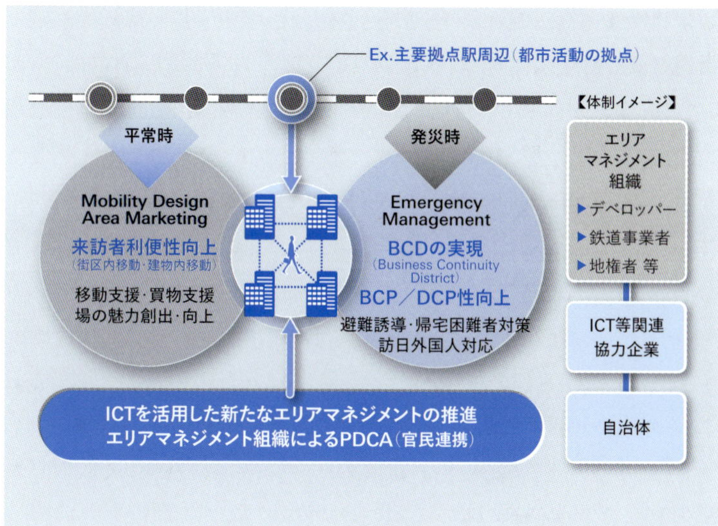

［**図21**］ICTエリアマネジメントの対象イメージ
［**図22**］ICTエリアマネジメントのイメージ

ICTによる鉄道沿線マネジメント

わが国では、100年以上にわたって鉄道を基軸とした駅と街の一体開発がなされてきた。都市開発もしくは沿線開発は、公共交通機関の利用を前提に組み立てられ、公共交通指向型開発：TOD*9ともいわれている。

9：Transit Oriented Development

ICT鉄道沿線マネジメントは、地域の代表的なインフラ企業である鉄道事業者が主体で進めることとなる（図23）。鉄道事業者の多くは、本業の鉄道事業に加え、交通業（バス、タクシーなど）、不動産業、流通業（商業）などを担っている。また、鉄道沿線は複数の自治体をまたいでおり、沿線力を高めることは、自治体の広域連携力を高めることにも寄与する。自治体の広域連携は、河川や流域下水道、消防・救急が代表的である。したがって、ICT鉄道沿線マネジメントは、鉄道事業者を軸として沿線を広域連携自治体相当と捉えた官民連携で推進することが有効だろう。また当然ながら、ICT等関連企業の関与も必要である。

ICT鉄道沿線マネジメントは、平常時には、沿線ブランディング・沿線基本戦略の構築といった沿線経営戦略の高度化、移動効率化支援、駅周辺の利用案内高度化などの沿線住民の生活利便向上を担う。くわえて、最適な都市機能配置（商業・教育・医療など）を行うことにより沿線住民人口の維持・増加を図る。発災時には、運行維持、病院案内、救急車両の導入などの沿線防災体制の確保とともに、駅周辺の避難誘導・スペース確保などの帰宅困難者対策の対応支援の強化を図ることができる。

このように、ICT鉄道沿線マネジメントは、従来の鉄道沿線マネジメントに、ソフト面からの施策としてICTの活用を加えることで、さらなる沿線のバリューアップを意図したものである。鉄道沿線のブランディングが維持向上することで、沿線人口の維持と新規転入による居住者の増加が期待される。その結果、沿線住民にとっては利便・安全性が向上し、鉄道事業者にとっては収益の維持向上、沿線自治体は住民税をはじめとした税収増が見込まれ、トリプルウィン（Win-Win-Win）が図られる。

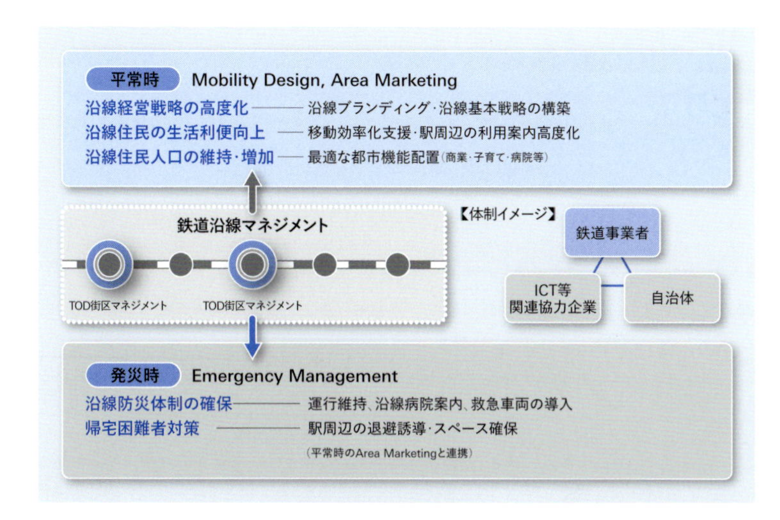

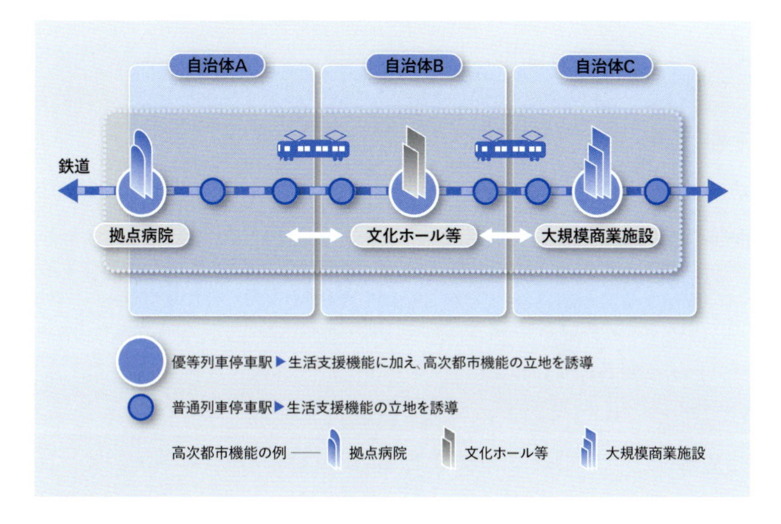

[**図23**] ICT鉄道沿線マネジメントのイメージ
[**図24**] 鉄道沿線まちづくりのイメージ/出典:「鉄道沿線まちづくりガイドライン(第一版)、平成27年12月、国土交通省都市局」より作成

動き始めたエリアマネジメント

政策とともに組織化へ

エリアマネジメントとは「特定のエリアを単位に、民間が主体となって街づくりや地域経営（マネジメント）を積極的に行う取組み」である。

1970年代にカナダのトロント市内でBID*10（ビジネス改善地区）が制定されたことが始まりとされる。

10 : Business Improvement District

推進組織は、特定エリアの地権者に課される共同負担金（行政が税と同様に徴収する）を原資とし、エリア内の不動産価値を高めるために必要なサービス事業を行う。BIDはそのような組織である。行政の公共サービスとは別に、より高度な維持管理、開発、プロモーションを行うことを特徴とする。現在、アメリカでは1000以上のBIDが存在し、オーストラリア、ニュージーランド、南アフリカ、イギリス、ドイツなどでも導入され、世界的な広がりを見せている［文献2］。

わが国においても、2014年に「大阪市エリアマネジメント活動促進条例」が制定・公布され、初めて法・条例的な制度にのっとったエリアマネジメントが推進されている（図25）。大阪市条例では、2014年に「一般社団法人グランフロント大阪TMO*11」が認定団体となっている（2018年現在）。

11 : Town Management Organization

グランフロント大阪は、大阪駅北側のJR貨物駅跡地（約24ha）の先行開発区域（約7ha）に、商業、オフィス、ホテル、劇場などの複合商業施設と住宅の計4棟（延べ面積約57万㎡）から構成される大規模複合開発エリアである。開発事業者は12社で、これら開発事業者が竣工後の街の一体的な運営を担うタウンマネジメント組織として「一般社団法人グランフロント大阪TMO」を設立している。TMOでは、大阪市の上位計画を踏まえ、グランフロト大阪の付加価値向上と梅田地区全体の持続的な発展をめざし、公民連携による持続的かつ一体的な街の運営により、地域の活性化、環境の改善およびコミュニティの形成に関する事業の推進を目的にしている。具体的には、通常の行政による内容とそれを上回る維持管理に加え、道路占用許可の特例等を取得し、広場を運営したオープンカフェやフリーマーケット他のイベント開催の実施とともに、広告板を設置した広告収入などを、まちづくり活動に利用している。成果としては、継続的な地価上昇[URL1]が発現するとともに、年間来場者数は当初の目標であった3,650万人に対し、2018年時点で年間約5,400万人[URL2]と約1.5倍の来訪者数を実現している。

今後、さらに全国でエリアマネジメントを推進すべきという観点から、2018年6月に地域再生法の一部を改正する法律が公布・施行され、地域再生エリアマネジメント負担金制度の創設が進められている。

BID（Business Improvement District） ビジネス活性化地区	大阪市エリアマネジメント活動促進制度 活用ガイドライン
❶ 1970年代にカナダトロント市内でBID制度が開始 ❷ 特定のエリアを単位に、民間が主体となって、まちづくりや地域経営（マネジメント）を積極的に行うという取組み ❸ 特定地域の地権者に課される共同負担金（行政が税と同様に徴収する）を原資とし、地域内の不動産価値を高めるために必要なサービス事業を行う組織 ❹ 一般的には行政の公共サービスとは別に、より高度な維持管理、開発、プロモーションを行う ❺ 現在、アメリカでは1000以上のBIDが存在し、オーストラリア、ニュージーランド、南アフリカ、イギリス、ドイツ等でも制度が導入され、地区経営を支える制度として世界的に広がる	❶ 平成26年3月「大阪市エリアマネジメント活動促進条例」を制定、公布 ❷ 特に「質の高い公共的空間の創出及び維持発展」に市民等の民間主体が参画できることを重視 ❸ 公共施設等（都市利便増進施設）の一体的な整備または管理に充てる財源を安定的に確保するため、地方自治法に基づく「分担金」を市が徴収し、エリアマネジメント団体に補助金として交付 ❹ 協定締結区域は以下の要件を満たすことが必要 ▶複数の地権者等により構成 ▶連担した区域 ▶概ね3ha以上の区域 ❺ 次のいずれかの法人格を持つ団体を設立する ▶一般社団法人、一般財団法人（公益法人を含む） ▶特定非営利活動法人（NPO法人） ▶まちづくり会社（一定の市の関与があるもの）

［**図25**］BIDの概要と大阪市BID条例の概要

条例で認定された団体ではないが、東京23区内の主要なエリアマネジメント組織を図26に例示する。現状のエリアマネジメントは、民間団体や自治体出資団体などの多様な組織形態を有するが、主要拠点駅周辺に多い傾向にある。

上記を踏まえると、ICTエリアマネジメントの早期実現には、新規開発エリアはもちろんであるが、このようなエリアマネジメント組織がすでに存在する都市機能集積地で積極的に推進することも有望と考える。

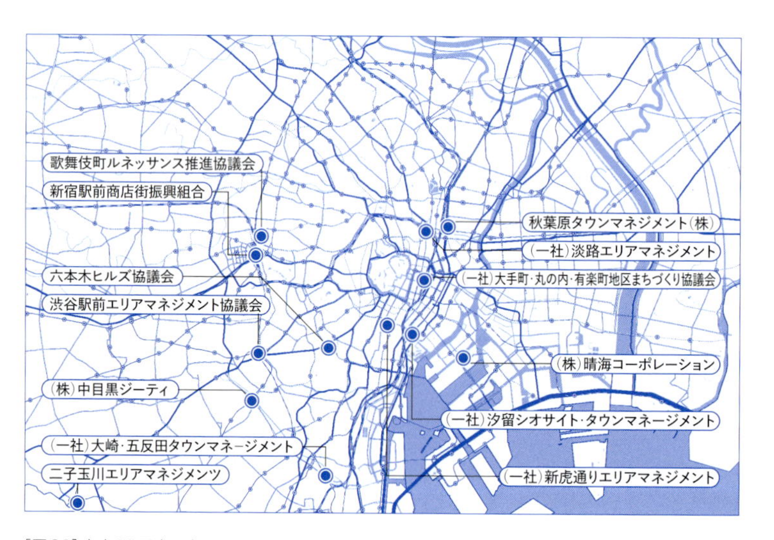

[図26] 東京23区内の主要なエリアマネジメント組織分布(2017年時点調べ)

ICTエリアマネジメントの官民協働スキーム[案]

これまでに、データ利活用によるICTエリアマネジメントの推進は、建物が集積し、かつ人々が集積している主要拠点駅周辺(都市活動の拠点)を対象にすることが望ましいとしてきた。

また、ICTエリアマネジメントは、エリアのバリューアップを目的としたエリアマネジメント組織などの主導のもと、ICT等関連協力企業と地元自治体が協働で進めることが望ましいとも語ってきた。

ここではさらに、ICTエリアマネジメントを適切に推進していくためのいくつかのポイントを提案する(図27)。

まず、エリアマネジメント組織は、条例などに基づいて、行政から許認可を受けている団体であることを前提とする。

エリアマネジメント組織は、自らが管理するエリアのにぎわいやブランディング向上のために、維持管理やプロモーションなどの従来のエリアマネジメント活動に加え、ICTを活用したエリア運営(PDCAサイクル)のために、来訪者や利用者の行動データや購買データの取得・活用を目指す。そのため、自らがWi-FiやIoTセンサー、ポイントシステムなどを設置することによっ

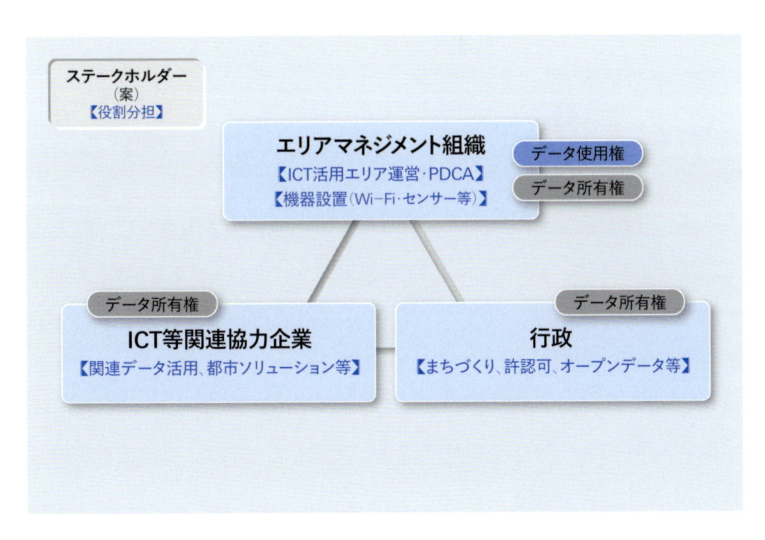

[図27] ICTエリアマネジメントにおける官民協働スキーム(案)

てデータを取得するものと想定される。

一方、エリアマネジメント組織が収集するデータは、あくまで、管理エリア内に限定される。広域の移動者情報は、ICT等関連協力企業が保有する関連データの活用が必要となる。また、エリアマネジメント組織とICT等関連協力企業から得られたデータを適切に分析し、PDCAに活用するためには、都市ソリューションに精通した協力企業の関与も必要となろう。

さらに、データを利活用するICTエリアマネジメントが、一定の社会的正当性・ガバナンスを有することを担保しているかが重要となる。そのためには上記で述べた、行政から許認可を受けているエリアマネジメント組織でなければならない。また、そのエリアマネジメント組織は、自らの収益向上のみならず、官民連携のもと、公共・公益性にも貢献するまちづくり推進者であることが求められるはずである。

少なくとも上記の要件が揃うことでICTエリアマネジメントが動き出すものと思う。

もう一点大切な視点は、データの所有権・利用権に関してである。エリアマネジメント組織は、正当に収集した自らのデータの所有権をもつ。ICT等関連協力企業も同様に保有データの所有権をもつ。行政は、オープンデータならびにオープン化されていないデータを所有する。すなわち、現行法では規定されていないが、ICTエリアマネジメントのPDCAをより適切に推進するには、データの使用権をより明確に規定する必要があるということである。

つまり、現在進んでいるビジネス・サービスの高度化を目的とした個人情報に関する情報銀行案［URL3］に対する、エリアマネジメント版と考えればよいだろう。具体的には、エリアマネジメント組織が公益に資するまちづくりにデータの利活用を限定するといった担保のもとに、各ステークホルダーが有するデータの使用権をエリアマネジメント組織に付与し、データ利活用の情報漏洩セキュリティの厳格化を設けたうえで、適切に運用する枠組み構築が重要になると考えられる。

ICTを活用した都市のバリューアップに向けて

ICTを活用した都市マネジメントの早期実現には、主要な拠点エリアを対象としたICTエリアマネジメントおよび鉄道沿線を対象としたICT鉄道沿線マネジメントが有望であると述べてきた。一方、これら以外のスケールについても、現時点から並行して適切な推進が必要である。都市マネジメントのスケール別の推進特性を図28に示す。ここでは、スケール別の主体と目的(平常時、災害時)に着目して整理している。

スケールがもっとも小さい建物では、主体は建物所有者であり、ICTを活用することで、不動産価値の向上、コスト縮減、快適性の向上、BCPの高度化などの効果が期待できる。ICTを活用したマネジメントを行う動機づけが比較的明確な領域といえよう。建物については、テナント・入居者の

領域(スケール)	主体	目的(平常時、災害時)
都市間	広域ネットワーク事業者 移動体企業	需給管理・最適化、 リスクマネジメント、環境配慮　等
都市(自治体)	基礎自治体	都市経営、市民生活質向上、 定住者増、安全・安心、都市環境　等
鉄道沿線	鉄道事業者、沿線自治体	沿線経営、定住者増、 沿線ブランディング、DCP　等
街区(エリア)	エリアマネジメント組織 (地域熱供給事業者含む)	エリア経営、来訪者増、 インバウンド対策、DCP　等
地下街	管理運営者 (第三セクター等)	地下街経営、来訪者増、 快適性向上、DCP　等
建物	建物所有者	不動産価値向上、コスト縮減、 快適性向上、BCP　等

[図28] 都市マネジメントのスケール別の推進特性

観点もあるが、オフィス、商業、住宅、スタジアムなどで目的が多岐にわたるためここでは割愛する。

街区レベル（地下街、街区〈エリア〉、鉄道沿線）では、多くの場合、主体として多数の民間企業（公的機関も含む）が関与している。また、さまざまなステークホルダーがエリア価値の向上という一つの目的のために活動を収斂させようとしている。難しいことではあるが、社会的意義は大きい。個別に見ると、地下街では、入居するテナントとその管理運営者（第三セクターなど）が主体となり、地下街経営の効率化、来訪者増、快適性向上、DCPの高度化などを図っていくことだろう。

街区（エリア）はこれまでに述べたICTエリアマネジメントであり、鉄道沿線はICT鉄道沿線マネジメントである。

一方、街区以上の広域レベルではどうか。都市（自治体）については、基礎自治体が主体となり、スマートシティに代表されるさまざまな都市活動がなされている。こうした都市域を全面的かつ均質的に最適化する都市経営、市民生活の質の向上、定住者増、安全・安心、都市環境の向上などの効果を期待してICTを活用したマネジメントが推進される。さらに、都市間では、広域ネットワーク事業（高速道路、エネルギー、ライフラインなど）や広域運輸企業（航空運送、広域鉄道、高速乗合バス、物流など）が主体となり、需給管理や需給最適化、リスクマネジメント、環境配慮などの効果を期待して推進するものと考えられる。

このように、ICTを活用した都市マネジメントは、建物／街区／広域といったスケール別に主体・目的が異なることから、それぞれの特性を適正に把握しつつ、積極的かつ丁寧に推進しなければならない。

しかし、それぞれのスケール別マネジメントを、（管理）主体から見れば、目的と管理領域の違いはあるものの、生活者である利用者（受益者）にとっては、すべての領域が区分なく連続している。

直近の重要課題は、国際競争力を有した都市づくりとして、スケール別の成功例を積極的に創出していくことである。近い将来に向けて、利用者ならびに（管理）主体の利便向上・高度化へ向け、スケール別のデータ利活用が互換可能な仕組づくりに、現時点から取り組んでおくことが重要であると考えている。

[**文献1**] サリム・イスマイル、Exponential Organization「シンギュラリティ大学が教える 飛躍する方法」、日経BP社、2015年
[**文献2**]「日本版BIDを含むエリアマネジメントの推進方策検討会（中間とりまとめ）、平成28年6月30日、内閣官房」他

[**URL1**] http://www.soumu.go.jp/main_content/000454882.pdf
[**URL2**] http://release.nikkei.co.jp/attach_file/0478435_02.pdf
[**URL3**] https://www.kantei.go.jp/jp/singi/it2/senmon_bunka/data_ryutsuseibi/detakatsuyo_wg_dai9/siryou1.pdf

ここでは、ICTを活用した都市マネジメントならびにICTエリアマネジメントの最新事例として、「平常時」、「災害時」、「安全・安心」、「経済」、「環境エネルギー」、「これからの新たな価値創造」の六つの領域を取り上げ、先進都市情報の活用例を示す。

Part II.
街に新たな価値を生むマネジメントを探る

［平常時］
にぎわう街を創る

人流センシング技術

ICTを活用した都市マネジメントの早期実現に向けては、情報技術の進展面から多様な取組みがあるが、「人の幸せを向上させる」観点からは、まずは、都市の人流（歩行者量・移動軌跡など）に関する高精度かつ高解像度のデータを的確に収集、分析・評価することが有益であろうと考える。なぜなら、後述（→p.118）するように、人流（歩行者量）は小売店舗数や売上高、地価などと高い関係性を示すといわれており、都市の活性化・にぎわいの度合いを測る重要な指標として位置づけられるからである。

これまで、特定の場所を通過する歩行者量（通行量）や滞在状況などの計測手法は、人手によるカウント・観測が一般的であった。最近では図1に示す、GPSデータ、Wi-Fiデータ、カメラ画像、レーザーカウンターなどのICTを活用した新技術によって、人流センシング技術が高度化し、より高精度かつ高解像度のデータ収集が可能になりつつある。後に、これらの新技術についてのユースケースを紹介しよう。

従来の人手によるカウント調査では人的リソースやコストの観点から難しかったが、上記の新技術によって24時間365日の常時計測（モニタリング）や面的な計測による人流ビッグデータの活用が始まっている。これは、国が推進するEBPM*[1]に立脚した取組みでもある。例えば、まちづくり関連などの施策実施時に、その前後での人流（歩行者量・移動軌跡など）を比較するなど、施策の有効性検証に活用できると期待される。

1：Evidence Based Policy Making：証拠に基づく政策立案

ただし、いずれの手法も計測に際しては長所や短所がある。それぞれの特徴やデータ入手の容易性・利活用の可能性などを考慮して、目的に応じた適切な計測手法を検討・選択する必要がある。

	GPSデータ	Wi-Fiデータ	カメラ画像	レーザーカウンター
概要	●GPS搭載の機器等により、継続的に緯度経度情報を取得	●通過したWi-Fiアクセスポイントの位置情報を取得	●カメラ画像から識別処理等により、歩行者数を計測	●人やモノからの反射状況から通過人数を計測
取得方法	●GPS機器もしくはスマートフォンアプリ等を用いて取得 ●データ保有主体からデータ入手	●Wi-Fiセンサーの設置により取得 ●データ保有主体からデータを入手	●任意に撮影した人が映り込んだ画像等を取得 ●既設のカメラの活用も可能	●レーザー機器を設置し取得
主な特徴	●緯度経度により移動経路を詳細把握 ●屋内や地下では位置情報が取得できない場合あり ●絶対数の把握は困難	●各アクセスポイントの通過状況により移動経路を把握 ●屋内、地下、階数別での位置情報取得 ●絶対数の把握は困難	●画像を残さない場合は個人情報にならない(画像が残る場合は留意が必要)	●独自の人認識アルゴリズムで認識しているため、個人は特定されない
取得イメージ概要	衛星 位置情報蓄積 測位 歩行者	アクセスポイント 交信履歴 交信 歩行者	カメラセンサー 画像処理 撮影 歩行者	レーザーセンサー レーザー計測 高速検知 歩行者

[**図1**] 新技術を活用した歩行者量(通行量)の計測手法
「まちの活性化を測る歩行者量調査のガイドライン(ver1.0)、2018(平成30)年6月、国土交通省都市局都市計画課」をもとに編集・作成

携帯GPSデータ

GPS(全地球測位システム)データは、GPS機器の測位情報によって人の位置情報の緯度経度を連続的に取得し、人流を計測する手法である。近年では、スマートフォンに特定のアプリケーションをインストールすることで、人の位置情報を取得する方法が普及しており、携帯GPSデータの民間サービスとしての提供(有償)が進んでいる。

携帯GPSデータの一つである株式会社Agoopのデータは、一定時間間隔(くわえて、アプリケーション操作時)で取得した緯度経度情報をもとに、1日の人の移動軌跡を把握することができる。ただし、個人属性は除いている。

特に、携帯GPSデータの性質上、都市圏レベルから拠点駅周辺エリアなどの、比較的マクロな視点での分析に適している。

東京23区における1日の人の動きを図2に可視化した。鉄道沿線上に多くの移動（位置情報の取得）が見られ、鉄道中心の都市構造であるとともに、都心拠点駅（JR山手線など）をハブとした人の動きが概観できる。

東京都心（JR山手線周辺）における人の滞在状況について、平日・休日別で可視化する（図3）。平日では、出勤などにより山手線東側エリアへの集中が見られ、9時から15時までの時間変動は大きくない。一方で、休日は平日よりも都心への集中時間帯が遅く、商業地が集積する都心拠点駅に分散していることがわかる。

［**図2**］東京23区における1日の人の動き（データ提供=Agoop）

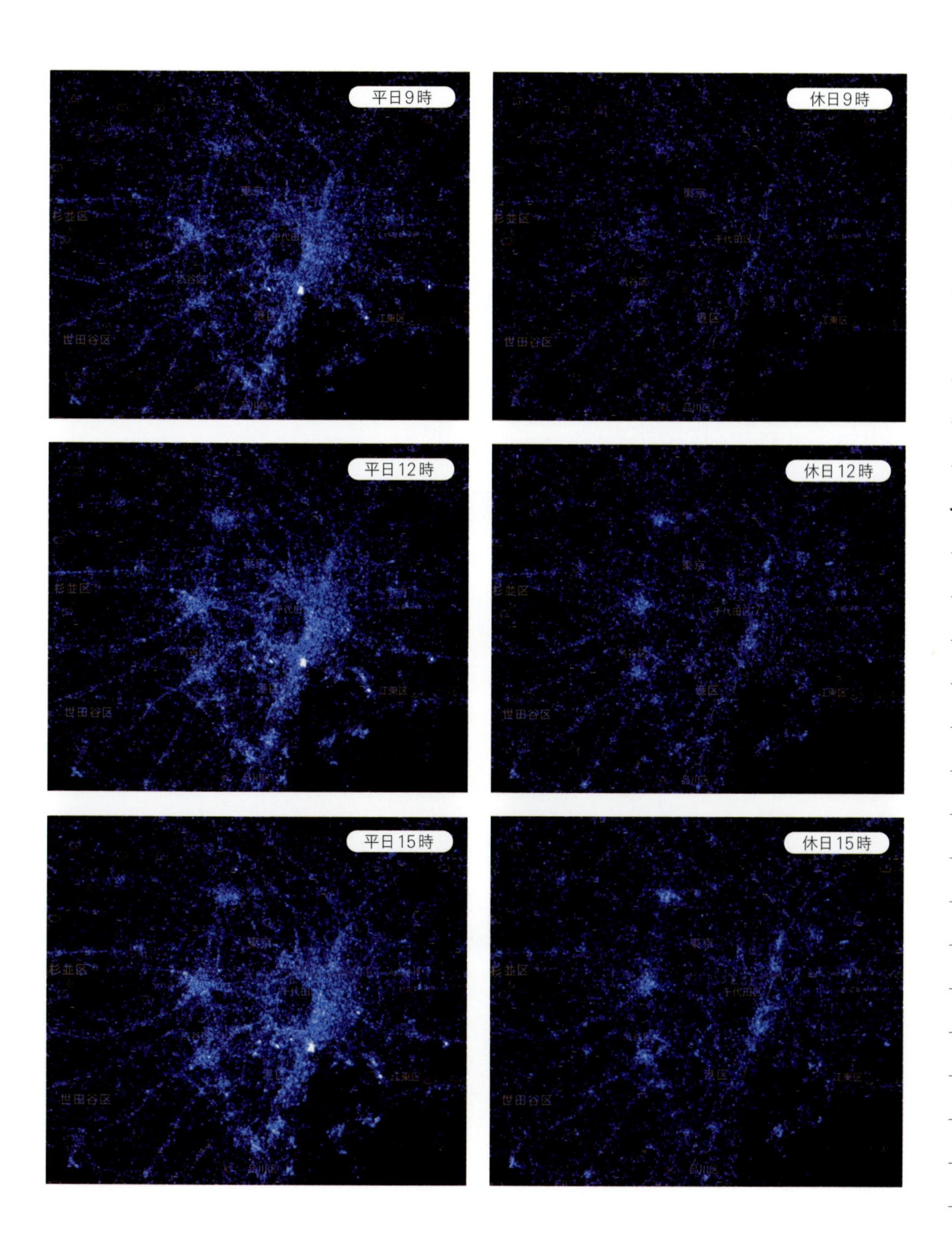

［図3］東京都心における人の滞在状況（平日・休日）（データ提供＝Agoop）
http://www.nikken-ri.com/idea/inv/12.html

◉ユースケース1：拠点駅周辺（渋谷駅）の人流分析

東京23区の1日の人の動きを概観したが、ここでは、ICTエリアマネジメントが対象とする拠点駅周辺エリアに焦点をあて、渋谷駅周辺エリアのユースケースを紹介する。

［渋谷駅周辺における人の動き（主要動線・移動軌跡）］

渋谷駅周辺における平日1日（2015年9月30日）の人の動きとして、携帯GPSデータをプロットし、時系列で移動軌跡を結ぶと図4のようになる。これを見ると、渋谷駅半径1km圏における大まかな動線（どの方面から渋谷駅に集まって来て、どのエリアに多くの人が滞在しているか）を確認することができる。

　現在、利活用可能な携帯GPSデータは位置情報のズレ（測位誤差）が発生するため、誤差が100m以内のデータを抽出し、一定の信頼性を確保している。なお、わが国では2018年に準天頂衛星が稼働したことにより、今後は精度の向上が見込まれる。また、今回使用したデータは、特定のス

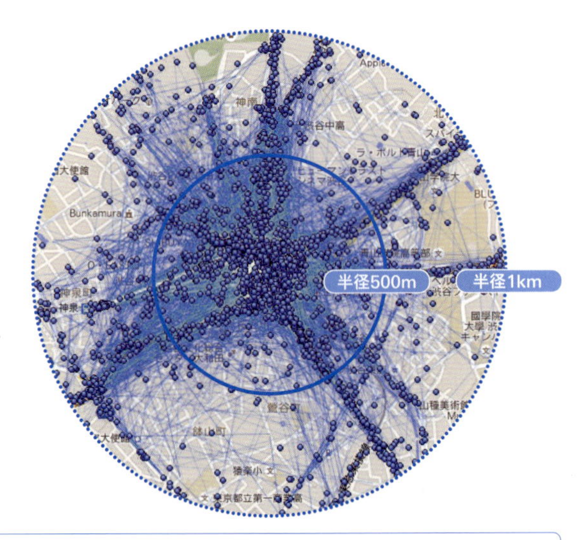

［**図4**］渋谷駅周辺における1日の人の動き

マートフォンアプリによるデータ収集であるため、全数の把握は困難であるが、データ全数で約19,000データ／日、滞在人数ベース（測位誤差が100m超のデータは除外）で当該エリアにて3,000人超／日を捕捉している。参考までに、渋谷駅の乗降客数は概ね約200万人／日であるという。

［渋谷駅周辺における利用用途の違いによる時間帯別の滞在状況］

渋谷駅周辺エリアでは、図5に示すとおり、明治通りを挟んで東西エリアの利用用途が異なっている。西側エリアは、事務所に加えて商業や住商併用が立地し、複数用途が混在している。一方、東側エリアは事務所用途

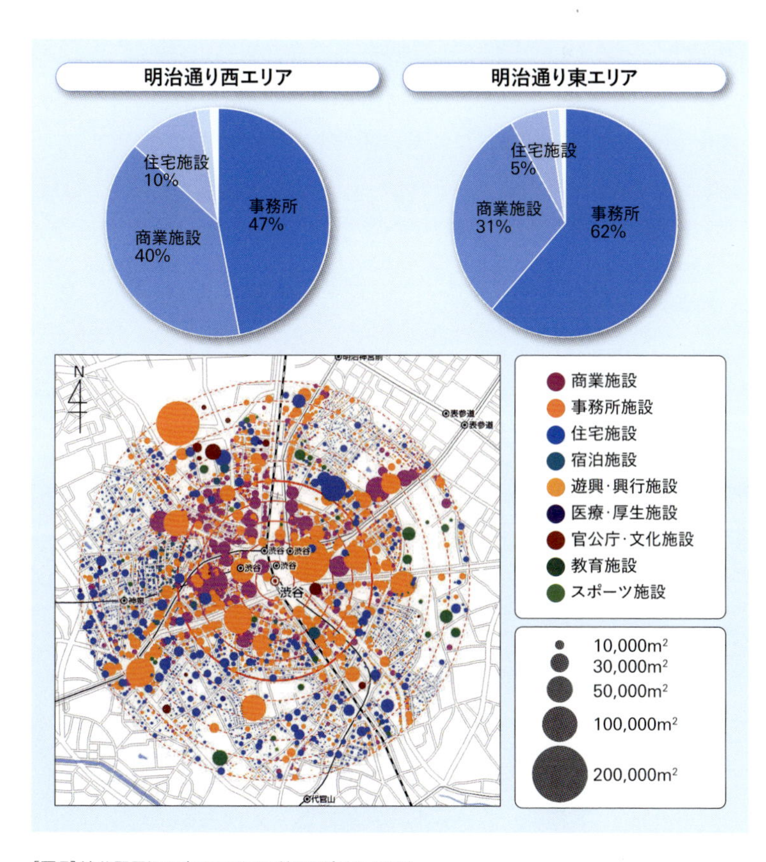

［**図5**］渋谷駅周辺の東西エリアの利用用途（延べ面積）

の延べ面積が全体の約3分の2を占めている。

ここでは、渋谷駅周辺の利用用途の異なる二つのエリアに着目して時間帯別の滞在状況の特徴を見てみよう。

両エリアの携帯GPSデータの時間帯別集計が図6である。複数用途で構成される明治通り西エリアは、8時以降から深夜まで比較的フラットな滞在分布が見られ、1日を通して当該エリアに人が滞在(滞在人数割合の変動が小さい)していることがうかがえる。一方で、明治通り東エリアでは、1日の変動が西エリアに比べ大きく、特に20時以降の時間帯では滞在者の減少が顕著(帰宅行動と想定)である。このように、携帯GPSデータと空間情報を組み合わせることで、建物用途の構成の違いによるエリアの滞在状況の特徴を把握することができる。

[建物用途とのマッシュアップによる用途別滞在時間の把握]

先述と同様のデータを活用して、渋谷駅周辺エリア(駅500m圏)における

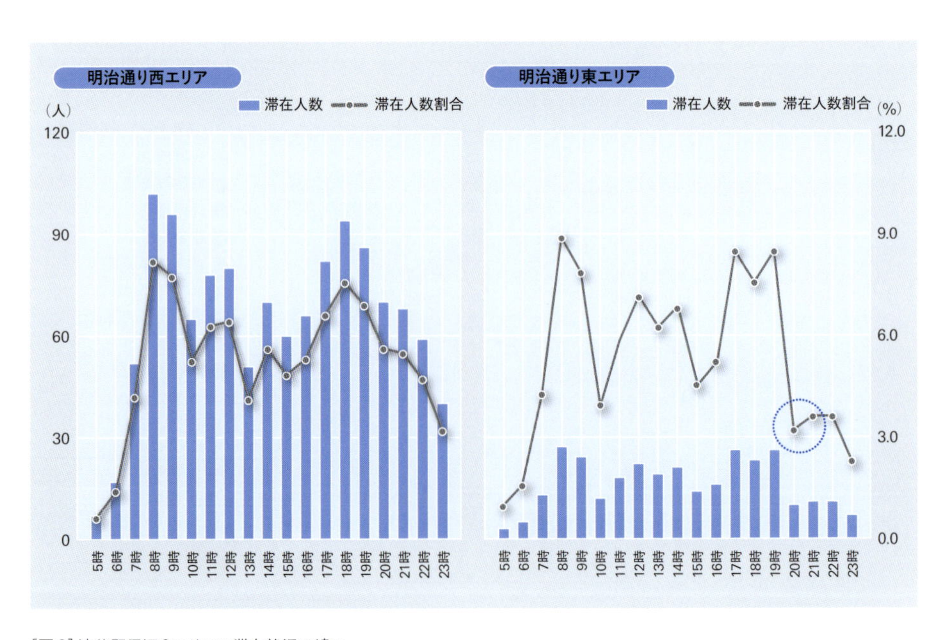

[**図6**] 渋谷駅周辺2エリアの滞在状況の違い

建物用途別滞在時間のさらに詳細な分析結果を紹介する。分析は、図7に示すとおり、建物用途の空間情報（GISデータ）をベースとして、携帯GPSデータをマッシュアップすることで、15分以上の同一建物用途の滞在者を対象に、用途別平均滞在時間を算出した。

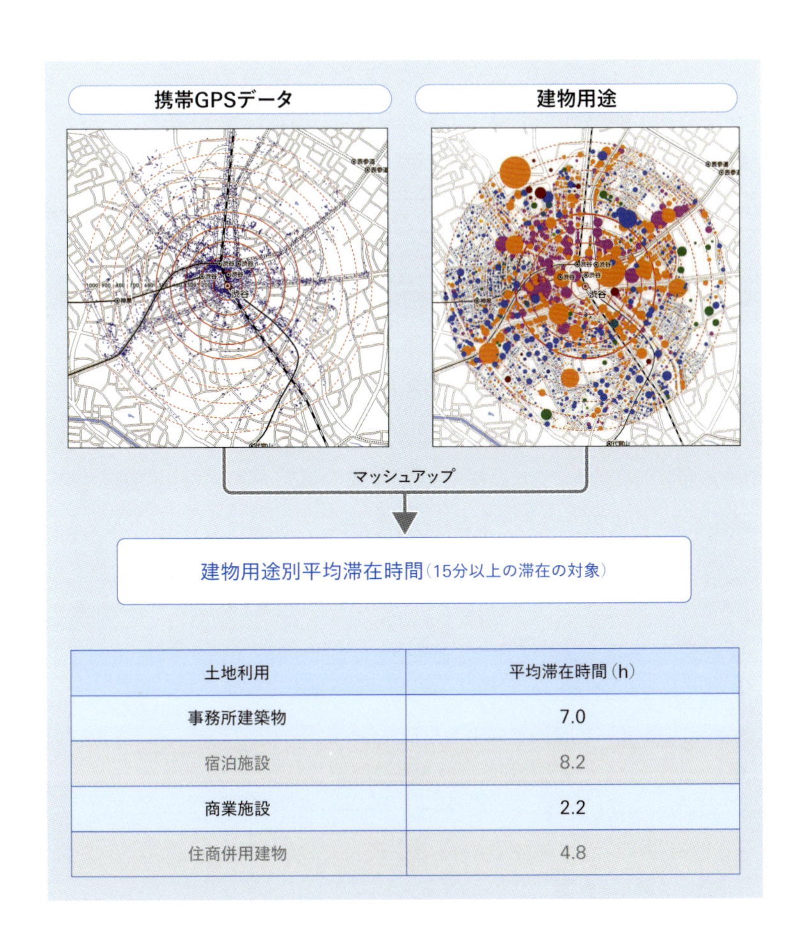

土地利用	平均滞在時間（h）
事務所建築物	7.0
宿泊施設	8.2
商業施設	2.2
住商併用建物	4.8

［図7］建物用途とのマッシュアップによる用途別滞在時間の分析

分析結果は、今回使用したサンプル数には限りがあるものの、事務所建築物では平均7.0時間、商業施設では平均2.2時間の滞在という数値が得られている。今後、建物内の鉛直方向の分析など各種の拡張も必要ではあるが、この分析方法を援用すれば、施設の利活用状況ならびにエリアの滞在時間や回遊行動を誘発するための建物用途の構成や配置の検討に資する基礎データに活用できると考えている。

[拠点駅周辺の人流分析における活用・展開イメージ]

ここまで、人の位置情報を緯度経度として把握する携帯GPSデータを活用したユースケースを紹介してきた。前述のユースケースは現況分析の一例であるが、これらを応用すると、❶施策実施前後（歩行者ネットワークの整備、イベント実施など）の時系列分析、整備効果の把握・検証、❷マーケティングや駅特性の把握への活用・展開が期待できる。

また、後に紹介する複数のデータを適切に組み合わせることでデータの精度が向上し、よりミクロな視点での人流分析が可能になり精緻な将来予測モデルの構築に寄与できるものと考える。

❶施策実施前後での時系列分析、整備効果の把握・検証
- 実施前（現況人流フロー）と実施後（計画案）の動線検証
- 都市開発・イベント前後の動線や移動量の比較 等

❷マーケティングや駅特性把握への活用・展開
- 来訪者の滞留状況 等
- 駅特性（用途）、施策実施前後（イベント有無）に応じた時間帯別滞在状況、滞在時間、立寄り回数 等

[**図8**] 渋谷駅周辺の将来イメージ(2027年頃)
出典:「渋谷駅中心地区基盤整備都市計画変更のあらまし、平成25年6月」より抜粋編集

◉ユースケース2：上野公園の人流分析

携帯GPSデータでは、時系列でデータを蓄積し、特定の人の行動パターンを一定期間分析することで、その人の居住地や年代、その他属性（会社員・学生、その他〈高齢者・主婦など〉）を推定することができる。

一例として、上野公園を対象とした来訪者の居住地分析の事例を紹介しよう（図9）。ここでは、一定の個人属性が把握できる株式会社ゼンリンデータコムの携帯GPSデータを活用した。2014年の特定日の上野公園の来訪者（15分以上滞在した人）を抽出し、分析した例を示す。

上野公園の来訪者について、平日・休日別の測定数に対する拡大係数を反映した平均日来訪者数は、休日：約5.3万人、平日：約3.7万人であり、休日の来訪者数は平日の1.4倍であることがわかる（図10・11）。次いで、来訪者の居住地については、平日・休日ともに約半数が東京都外の遠方から来訪しており、（約30km圏）常磐線、伊勢崎線、（20-25km圏）総武線、西武池袋線の来訪者が多いことが明らかとなった。これらの分析結果は、マーケティングの基礎データとして、来訪者の多いまたは少ない鉄道沿線エリアの特定に活用できる。

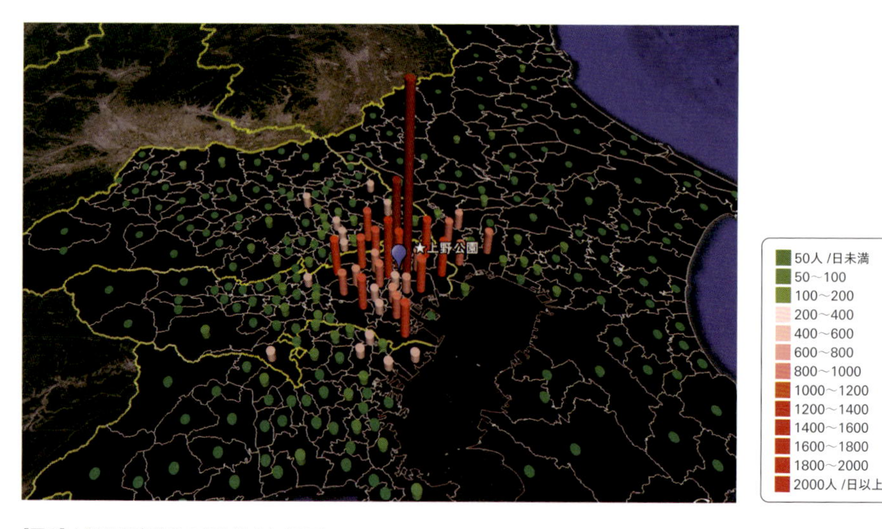

［図9］上野公園来訪者の居住地分布（休日）

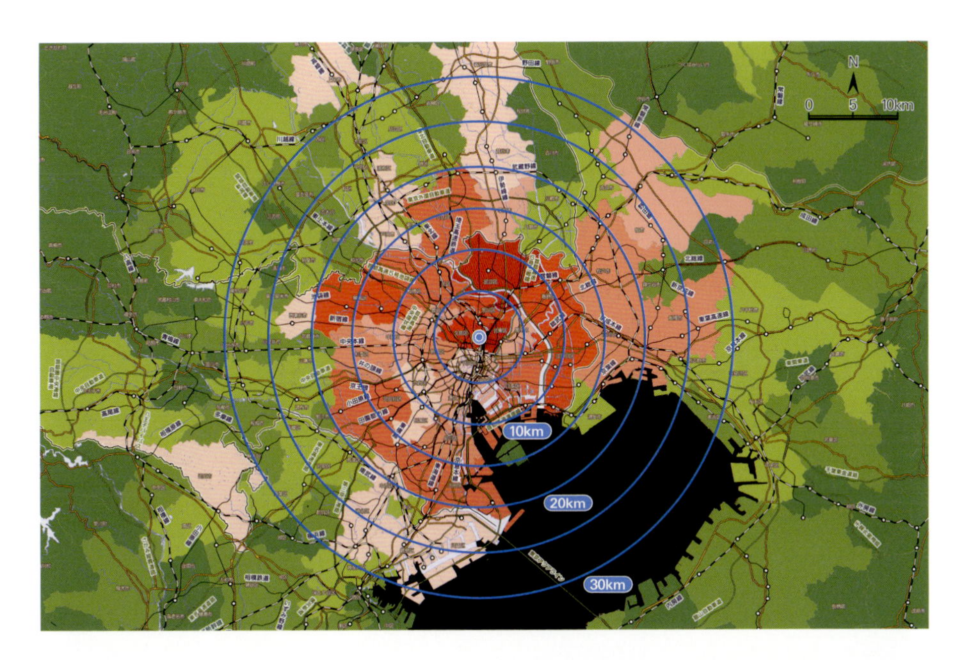

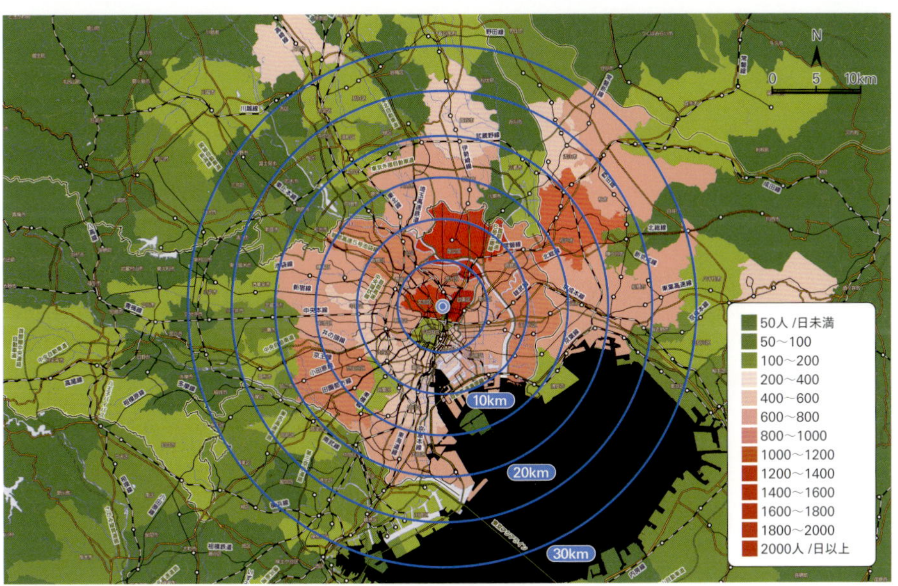

［**図10**］上野公園来訪者の居住地分布（休日）
［**図11**］上野公園来訪者の居住地分布（平日）

Wi-Fiデータ

Wi-Fiデータは、人工衛星を活用した携帯GPSとは異なり、街なかの飲食店や商業施設、鉄道駅を含めた公共施設などに設置されたWi-Fiアクセスポイント（AP）から得られるWi-Fi位置情報［URL1］データである。人の位置をAP単位で連続的に取得し、人流（歩行者量・移動軌跡など）を計測する。携帯GPSでは計測が難しい建物内の鉛直方向のデータ計測（各フロアへのAP設置）が可能である。なお、一般的なAPの交信範囲は100m未満となっている。

一例として主要キャリアの一つであるソフトバンク株式会社の取組みを紹介する。図12にソフトバンクのAPの全国分布を可視化した。すでにデータ収集のための都市情報インフラ基盤は整っており、政令市を中心に主に大都市圏に集中分布し、都心部エリアの人流把握との親和性が高い。特に、図13で拡大した東京都市圏・京阪神都市圏では、鉄道駅周辺に面的に分布していることが確認できる。さらに、図14の渋谷駅周辺では、エリアカバー率は41.1%となっており、鉄道駅500m圏を対象とするICTエリアマネジメントを対象とした場合、都市情報インフラとしての利活用ポテンシャルは高いといえよう。

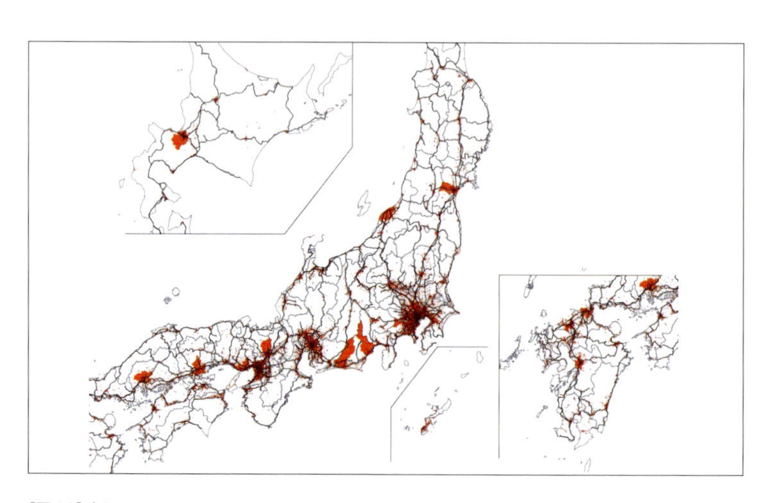

［**図12**］全国のWi-Fiアクセスポイント分布（提供データ＝ソフトバンク）

［東京都市圏］

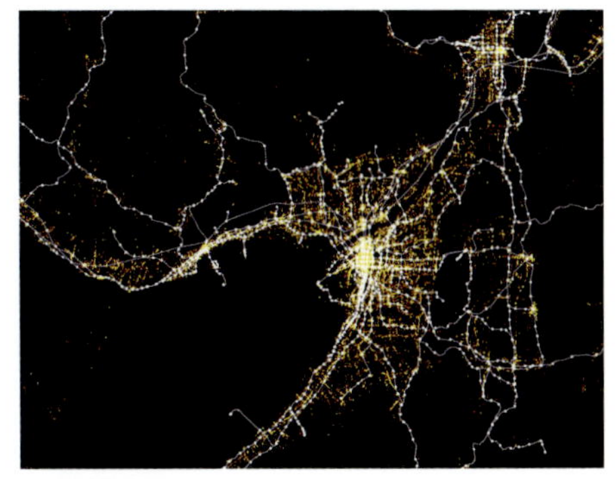

［京阪神都市圏］

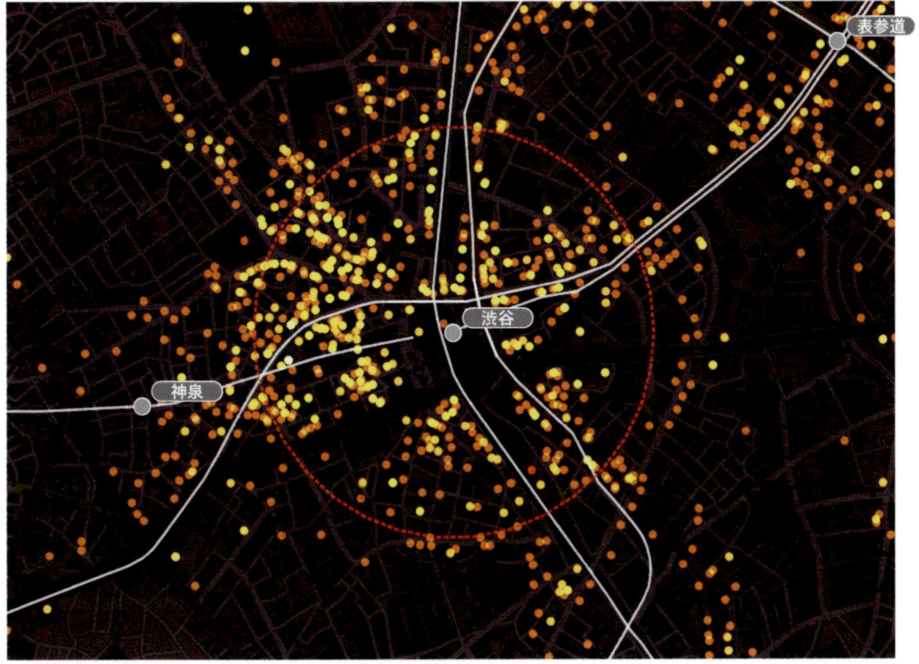

［渋谷駅周辺］

［図13］Wi-Fiアクセスポイント分布（提供データ=ソフトバンク）
［図14］渋谷駅周辺のWi-Fiアクセスポイント分布（提供データ=ソフトバンク）
エリアカバー率41.1%：交信範囲を半径20mと仮定して算出

●ユースケース3：御堂筋における大規模イベントでの人流分析

大阪のメインストリートである御堂筋（みどうすじ）は、国道25号と国道176号から構成される幅員44m、延長4.2km（阪急前交差点〜難波西口交差点）の道路であり、季節毎に変化するイチョウ並木や高さのそろった沿道建物により美しい風景をつくりあげるなど、市民をはじめ多くの方に親しまれている。

また、大阪一の業務集積地区である御堂筋沿道には、業務ビルだけでなく、ブランドショップなども立ち並び、新たな魅力を創出している。そして近年では、御堂筋オータムパーティーをはじめ、御堂筋全体を圧倒的な光で彩る御堂筋イルミネーションなどのイベントにも活用され、大阪の都市魅力向上においても重要な役割を担っている。

ここでは、御堂筋オータムパーティー 2016（2016年11月20日開催）において、Wi-Fiデータの利活用の可能性を定量的に検証した取組みを紹介する。このイベントの人流分析は、図15に示す御堂筋周辺エリアを分析対象範囲とした。既存のWi-Fiアクセスポイント（分析対象範囲内に設置されている約2,500台のAP）を活用するとともに、当イベントのみテンポラリに利用するAPを10台用意した（代表5断面、交信範囲を考慮して各断面2台設置）。

Wi-Fiで計測される対象者は、Wi-Fiサービスの利用者かつスマートフォンでWi-Fi機能をONにしている場合に限定されるため、滞在者全数を捕捉することはできない。そのため、本分析では可能な限り全数を把握するために、代表断面の交通量を人手計測し、Wi-Fiデータの捕捉率（滞在者全数を算出するための拡大係数）を算出するという工夫を試みた。

[光の饗宴"御堂筋イルミネーション"]

[御堂筋ランウェイでパフォーマンスを待つ人たち]

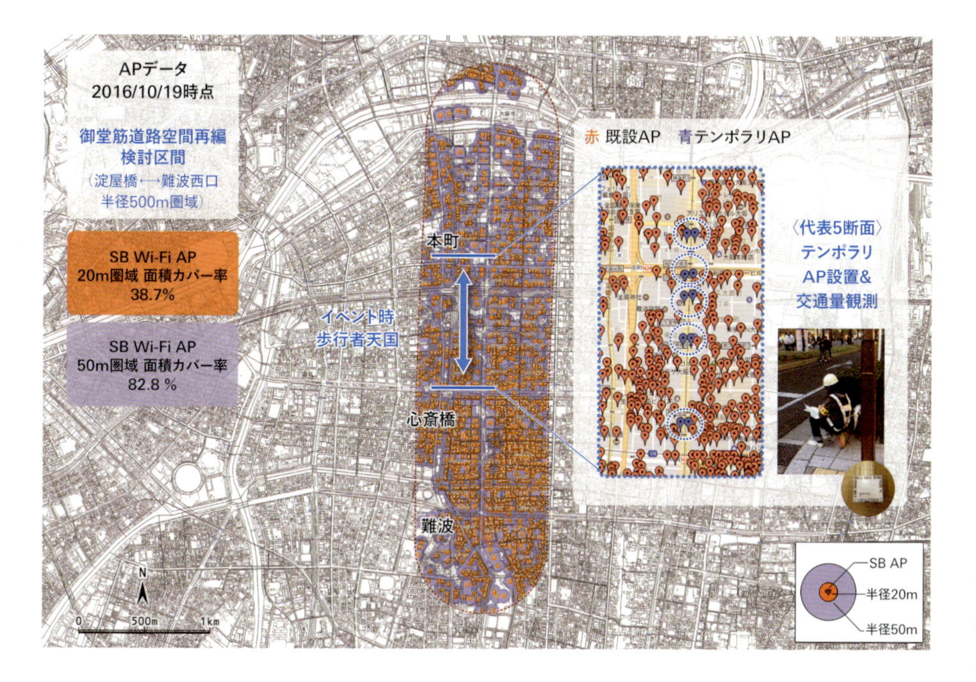

[図15] 御堂筋オータムパーティーのにぎわい(上写真2点)と御堂筋周辺のソフトバンクAPの設置状況(2016.11.20時点)

分析結果の一例を紹介する。当日の御堂筋周辺エリアの滞在者は、10～40歳台が中心であり、時間帯別の滞在者数(アクセス数)は、同日の朝から急増してイベントの時間帯でピークを示す(図16)。大阪でのイベントのため、大阪府内からの来訪が約6割である。一方で、大阪府外からの来訪者も約4割を占める。これまで定性的にしか捉えられなかった事項が定量的に把握可能となっている(図17)。

また、イベントにおける移動のピーク時を断面交通量で詳細に把握するため設置したAPからは、図18に示すように、イベントに応じて二つのピークが立ち上がり、その定量的結果が得られている。

従来、大規模イベントの入込客数は定量的に把握することは難しかった。このユースケースを踏まえると、Wi-Fiデータや携帯GPSデータ・基地局データ、IC交通データ(地下鉄利用者数など)を適切に組み合わせることで、滞在者の全数をより精度高く把握する可能性が示唆される。今後、類似の分析事例を蓄積することで、さらなる分析精度の向上を目指す。

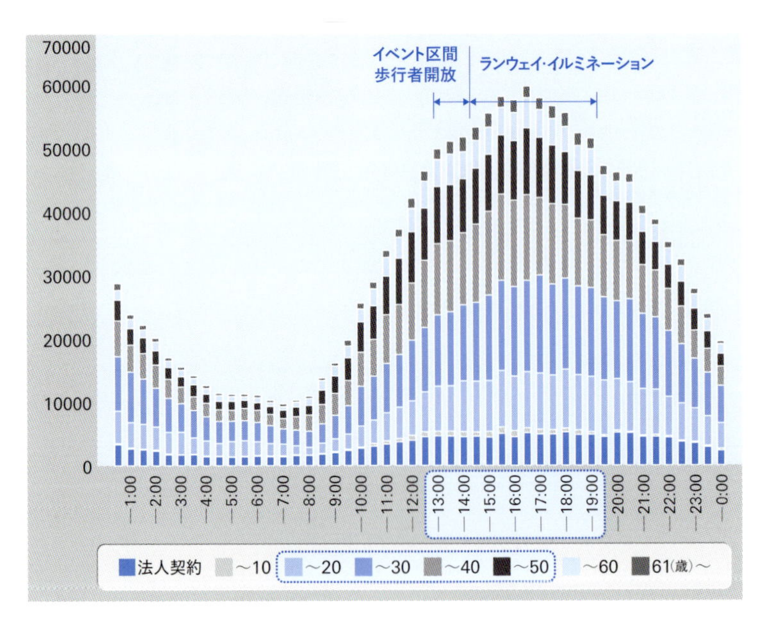

[図16] 御堂筋周辺エリアの滞在状況(年齢別、総アクセス数:個人重複有)

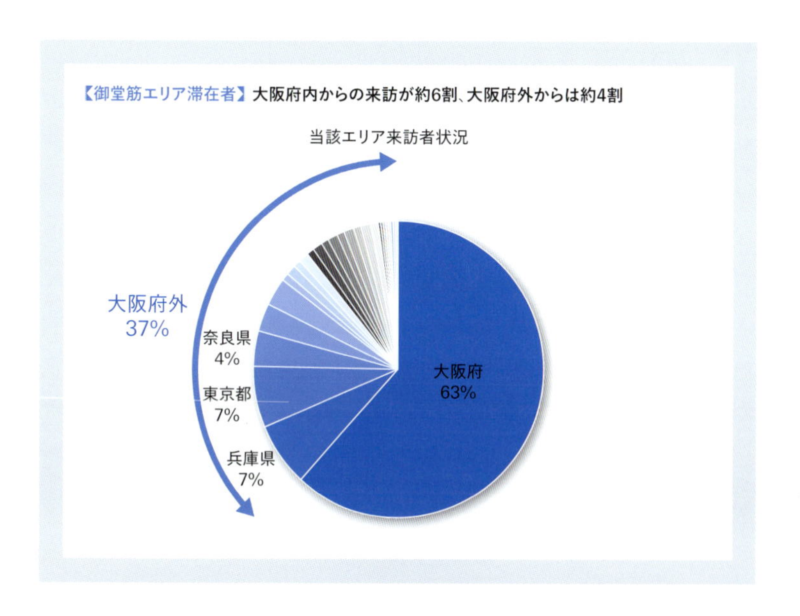

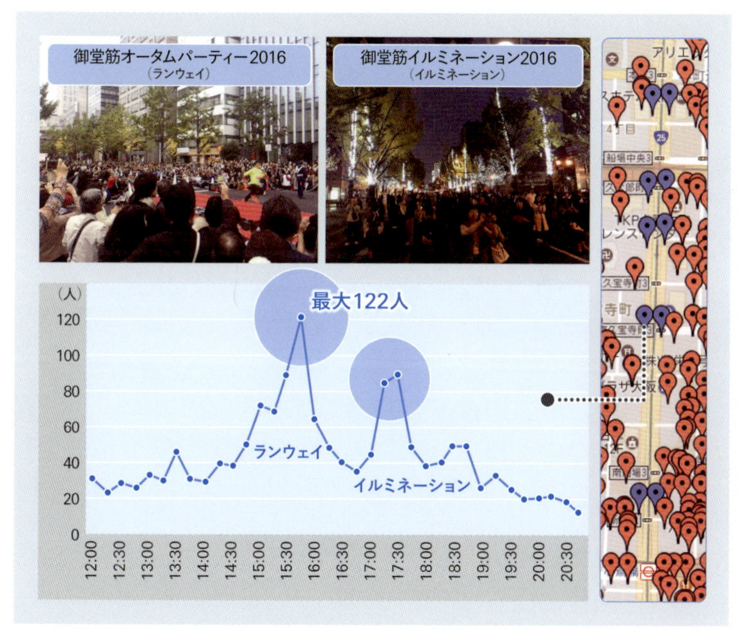

[図17] イベント来訪者の居住地(契約住所にて集計)
[図18] 代表断面における時間帯別通行人数

カメラ画像

カメラ画像は、画像から人を識別処理することで、人流(歩行者数)を計測する手法である。具体的には、人の形状や骨格を認識モデルとして画像内の位置や行動(移動状況など)を特定する物体形状認識技術である。

近年、商業施設において来店者の状況を観測・計測し、マーケティングに活用するサービスも普及しはじめている。これまで人手観測で対応していた交通実態調査についても、カメラ画像による歩行者や自動車などの自動計測(単純な通過交通量のカウントが主流)が始まりつつある。

他方、街路や広場的空間といったオープンスペース上では、より高度な、歩行者の流動計測やエリアマネジメントのイベント時などの人の滞留行動(立ち止まって誰かと話したり、座って飲食したりする行動)を把握することも求められている。

現状の人手観測は目視であり、精度は高いが一定のコストが発生するため、限られた空間・時間の情報しか把握されていない。

大阪市立大学(都市計画や空間解析の有識者)との共同研究により、オープンスペースを撮影した動画像から、深層学習の手法で人の位置や行動を自動で推定する方法を開発・検証する取組みを行っている。図19、20に、御堂筋で分析を行った際の状況を示す。この取組みは検討進行中であるが、オープンスペースにおける人流の自動計測に加え、空間の使われ方やデザインの評価・検証への活用・展開の可能性があると考えている。

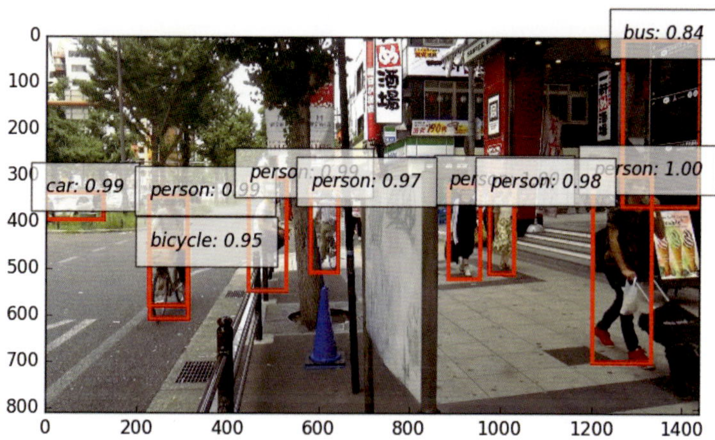

［図19］御堂筋における分析状況［人の行動分析］
［図20］御堂筋における分析状況［認識確率］

センサーデータ

次に、ICTを活用した人流モニタリングのツールとして、赤外線センサーおよび頭上温度検知カメラ（主に歩行者を対象）、コイルセンサー（主に自転車を対象）の活用例を紹介する。

御堂筋において、これらのデバイスを試行的に設置・計測し、人手観測の結果と比較することで、捕捉率の検証を行った。

◉ユースケース4：赤外線センサー／頭上温度検知カメラ

［赤外線センサーの概要］

足元の高さに赤外線センサーを設置し、歩行者（自転車含む）の断面交通量を自動計測するものである。今回は広幅員用の15m計測センサーを使用している。

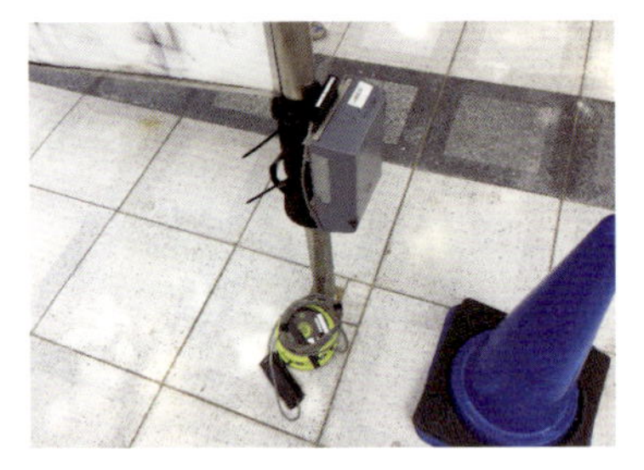

調査日 2017.8.27（日）12時～15時　調査場所 難波交差点北東断面

［頭上温度検知カメラの概要］

頭上の高さに温度検知カメラを設置し、歩行者（自転車含む）の断面交通量を自動計測するものである。上限4mの高さまで設置することができる。

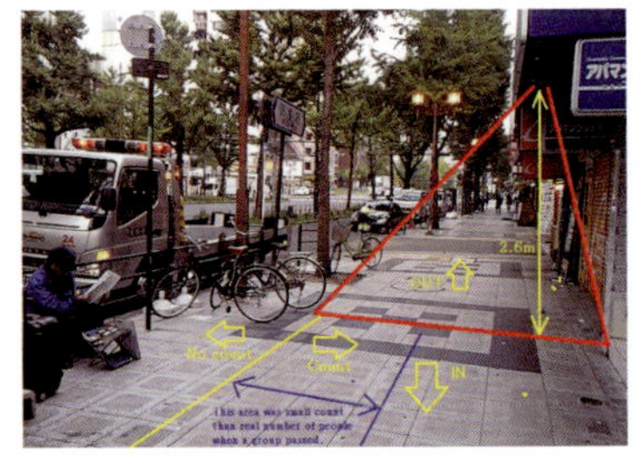

調査日 2017.11.5（日）13時～16時　調査場所 難波交差点北東断面

［**赤外線センサーの計測結果**］

広幅員の歩道で、人の重なりがそれほど多くなかったこともあり、データの捕捉率は77〜82%と一定の精度が得られた（図21）。ただし、本センサーは横から歩行者を計測し、赤外線により歩行者の温度を検知して計測する仕組みのため、建物の温度による誤検知リスクも若干は存在する。日差しによる温度変化が少ない場所での設置、または温度変化が少なくなるような工夫を講じることで、自動計測の実装化に向けた可能性が期待できる。

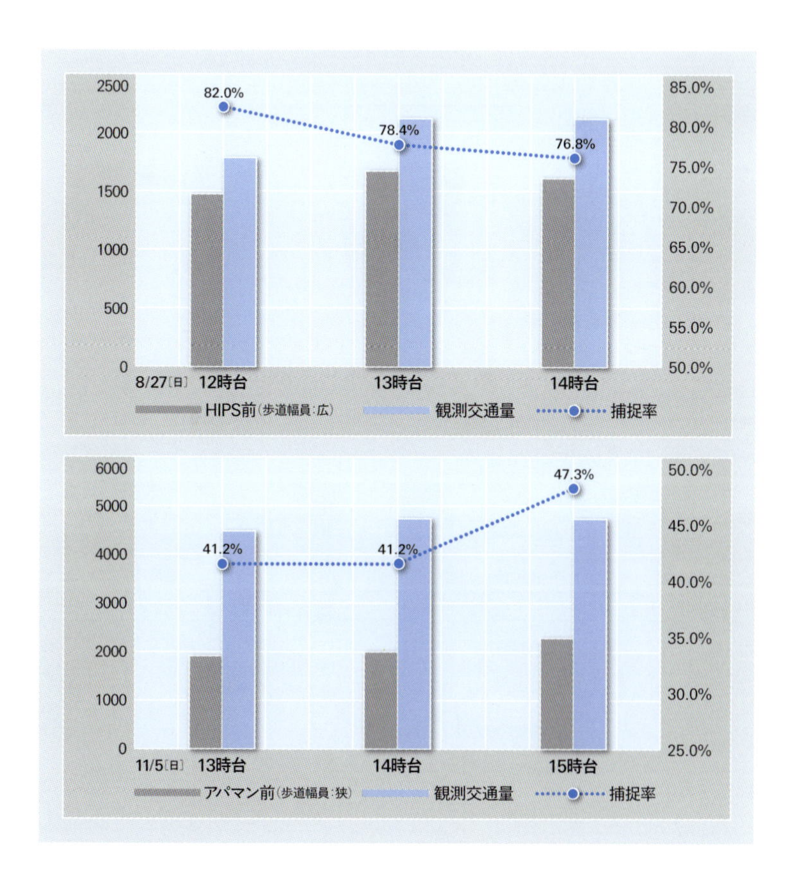

［**図21**］赤外線センサーの計測結果
［**図22**］頭上温度検知カメラの計測結果

［頭上温度検知カメラの計測結果］

今回は設置場所が限定され、設置高さが通常よりも低く、屋根下での設置であった。狭幅員で歩行者交通量が非常に多かったため、特にカメラから離れた側の集団（人の重なりが多い場合）での捕捉率が低くなり、データの捕捉率は41〜47%であった（図22）。可能な限り道路の中央に設置し、4mに近い高さに設置することで、十分な検知範囲を確保（集団による人の重なりへの対応）することができ、データの捕捉精度は改善されると考えている。

［図23］コイル・センサーの調査時風景（御堂筋社会実験に合わせて実施）
調査日 2017.11.5（日）13時〜16時、2017.11.7（火）7時〜19時
調査場所 難波交差点南東断面（モデル整備区間）

◉ユースケース5：コイルセンサー

［コイルセンサーの概要］

御堂筋の道路空間再編に向け実施したモデル整備区間を対象に、ZELT Inductive Loop（ゼルトインダクティブループ［URL2］：自転車のホイールによって生じた磁気信号を13のポイントに分けて解析することで自転車の通行台数をカウントする機器）を設置し、自転車交通量の自動計測を行った（図23）。

［コイルセンサーの計測結果］

データの捕捉率は95〜112%であった。時間帯によってバラつきが見られるものの、概ね自転車交通量の変動を再現できている。休日は過大傾向、平日は過少傾向と過大傾向が混在する結果となった。

データの捕捉率が過大傾向を示した要因の一つとして、物流の荷捌き台車などがセンサー設置箇所を通過した際、台車金属が電磁誘導に反応し、4輪の台車を2台の自転車として観測したことが考えられる。特に、荷捌きが多い時間帯には、その傾向が大きくなる（図24）。

コイルセンサーの実装化に向けて、自転車以外がセンサー上を通過しない工夫（台車がセンサー上を通過しないよう物理的に構造分離など）や距離の近い4輪を適切に判別認識する改良などを施すことで、一層の計測精度向上が期待できる。今後の実装化は十分に現実的と考えられる。

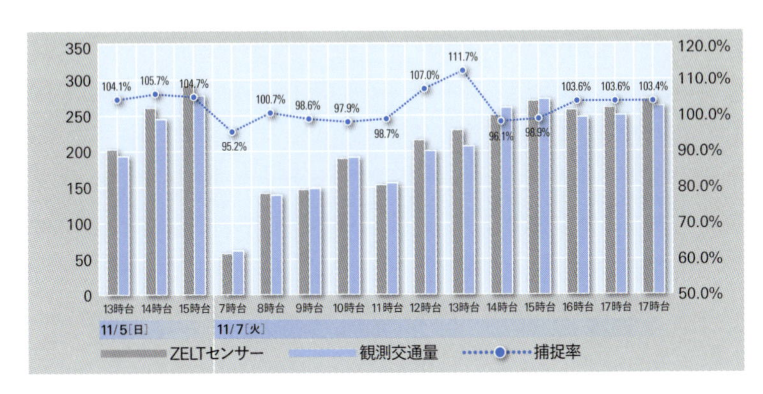

［図24］コイルセンサーの計測結果

［災害時］被災時の来街者マネジメントを強化する

帰宅困難者（携帯GPS位置情報）

2011年3月11日に発生した東日本大震災では、首都圏で約515万人（内閣府推計）の帰宅困難者が発生した。震災の発生当日、主要拠点駅をはじめ、特に都市機能集積エリアにおいて、多くの一時避難者があふれた。

内閣府では、今後、発生が予想される首都直下地震では東京都市圏で最大約800万人、南海トラフ巨大地震では京阪神都市圏と中京都市圏で最大約1,060万人の帰宅困難者が発生すると想定している。

主要拠点駅などの都市機能が集積したエリアにおいて、日常的な滞在者は、大きく居住者、在勤・在学者、来街者に分けられる。この内、居住者は行政による避難所の確保などの対策がとられており、在勤・在学者は、所属企業や学校による屋内待機などの対策が計画されている。一方、来街者については、エリア内に立地する施設や事業者による個別の対応となっているのが現状である。

来街者は、災害時には「寄る辺なき被災者」となり、発災後2〜3日程度の間の受入れ可能な施設（一時滞在施設）が必要となる。また、地震による建物被害の発生状況によっては、居住者、在勤・在学者も一時滞在施設での受入れを必要とする人が発生する可能性がある。事例については後述するが、現時点では一時滞在施設の確保状況は十分でないケースが多く、帰宅困難者対策としては、一斉帰宅の抑制やBCPの強化などの帰宅困難者数を抑制する対策とあわせて、一定の一時滞在施設を効果的に確保する対策が必要となる（図25）。

今後、インバウンドを含めた観光客の増加や東京オリンピックをはじめとした大規模イベントなどを控え、対応の必要性はますます高まっている。

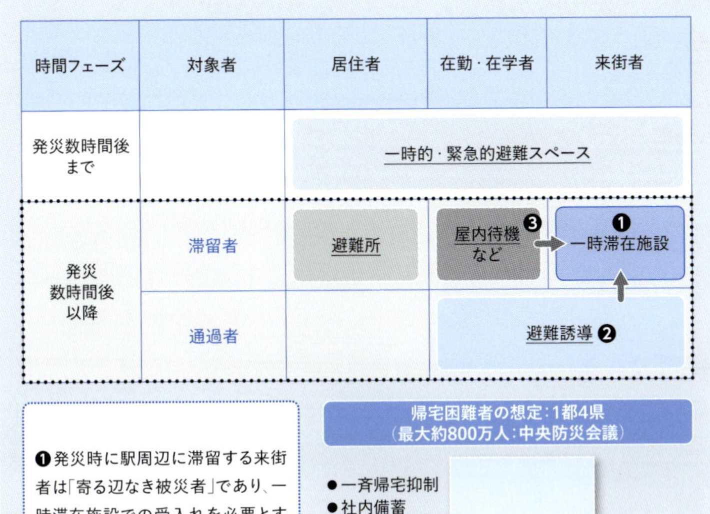

❶発災時に駅周辺に滞留する来街者は「寄る辺なき被災者」であり、一時滞在施設での受入れを必要とする。

❷通過者は移動先への避難誘導が主な対応となるが、駅周辺で移動を断念する場合など、一部は一時滞在施設での受入れを必要とする可能性がある。

❸在勤・在学者は勤務場所等での屋内待機が主な対応となるが、建物被害など周辺状況次第で、一部は一時滞在施設での受入れを必要とする可能性がある。

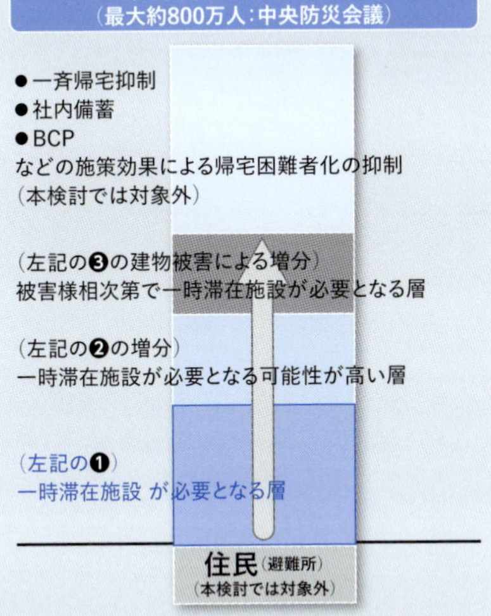

［**図25**］大規模災害時における一時避難施設の必要性
出典：国土交通省都市局都市安全課「ビッグデータを活用した都市防災対策検討調査（H25,3）」をもとに作成

携帯GPSデータの避難スペース計画への活用

携帯電話のGPS位置情報データを活用し、都市機能集積エリアにおける滞在者の分布状況の時間帯別把握や、被災時の滞在者の行動パターンなどの把握により、効率的・効果的な避難スペース計画への活用を試みた。

代表的な都市機能集積エリアとして、状況の異なる三つの主要駅(東京駅、池袋駅、仙台駅)周辺を選定し、東日本大震災発災時のケーススタディを行った(図26)。

●駅ごとの滞在者数の再現：震災時と平時の比較

携帯GPSデータをもとに、東日本大震災が発生した震災時：2011年3月11日(金曜日)と1週間前の平時：3月4日(金曜日)の滞在者数データを再現した(図27)。

三つの主要駅では、いずれも発災時刻(14時46分頃)以前は、震災時と平時の比較において大差はない。

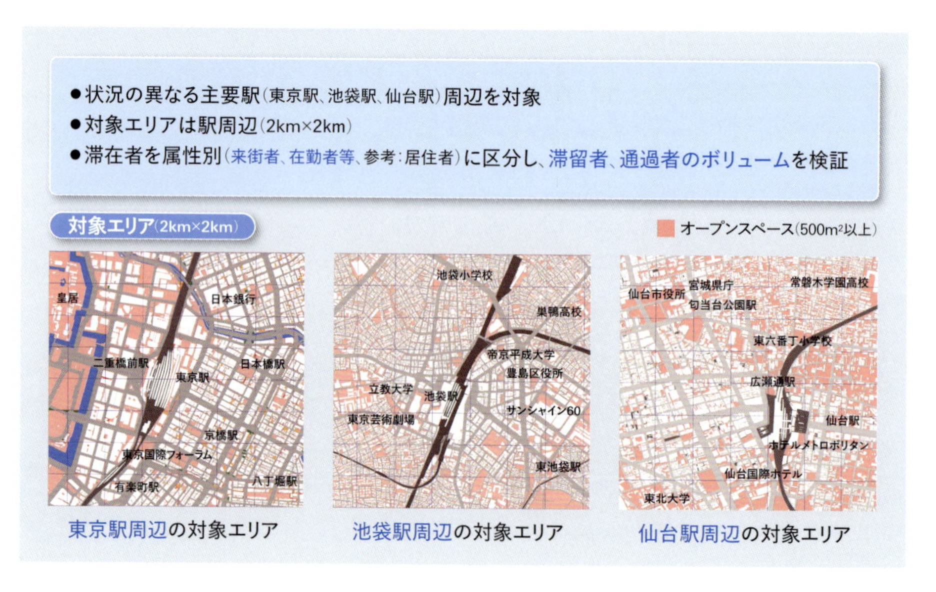

[**図26**] 東日本大震災発災時のケーススタディ対象地
出典：国土交通省都市局都市安全課「ビッグデータを活用した都市防災対策検討調査(H25,3)」をもとに作成

平時は、池袋駅、仙台駅では夕刻に滞在者・来街者ともピークに達する。一方、震災時は発災時もしくはそれ以前がピークで、発災後は減少に転じている。通過者は発災後急減している。

特に、震災時、東京駅および池袋駅では、夕刻以降、平時と比べて滞留者（在勤者等、来街者とも）が多く、帰宅困難者が発生していたことがデータから読み取れる。逆に、仙台駅では平時と比べ早い時間帯から滞留者（特に来街者）が減少していたことがデータから読み取れる。

以後、個別の駅周辺の状況について考察しよう。

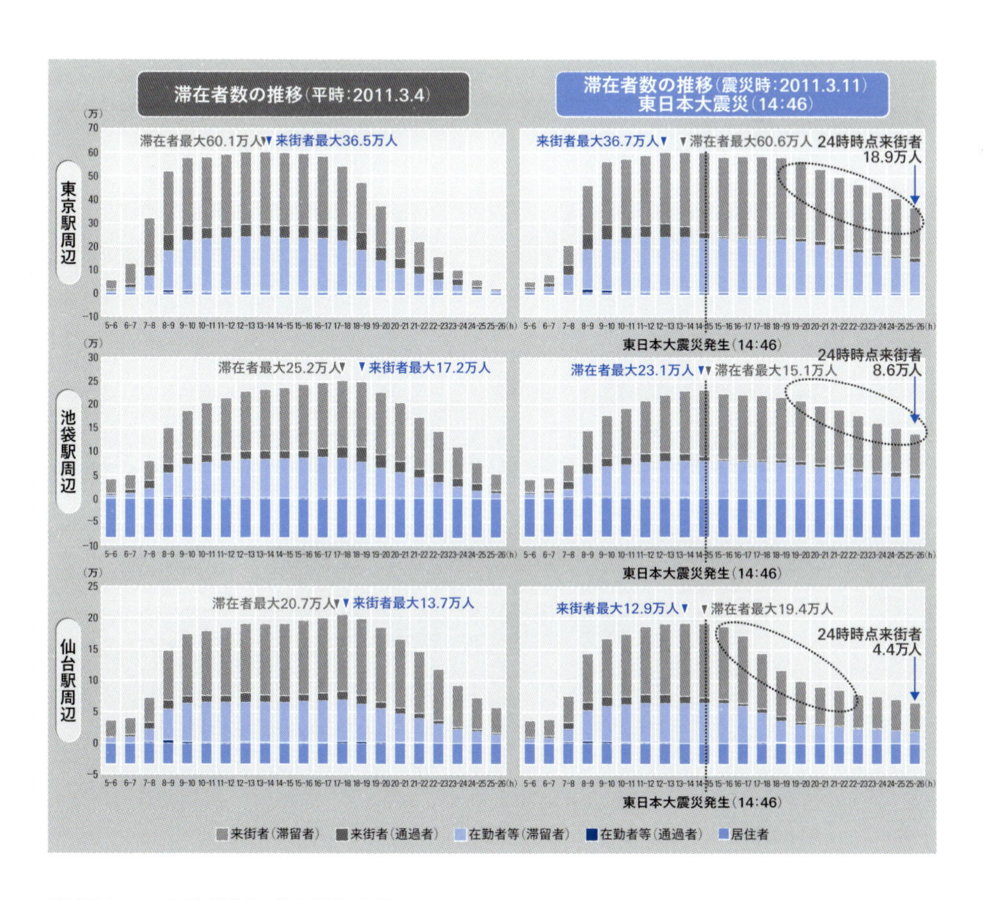

［**図27**］ケーススタディ対象地の滞在者数の再現

出典：国土交通省都市局都市安全課「ビッグデータを活用した都市防災対策検討調査（H25,3）」をもとに作成

●震災時と平時の滞留状況の比較：東京駅周辺

東京駅周辺では、日中の最大滞在者数は約60万人と推計され、内訳は在勤者等が約24万人、来街者は約36万人である。来街者については、出張者・観光客（宿泊）など［長時間の滞留者］や東京駅での鉄道利用・乗換などの［通過者］が多いと推定される。

震災時の発災直後には、通過者が急減するが、在勤者等のエリア外への移動は少数である。夕刻以降、平時と比べて滞留者（在勤者等、来街者とも）の減少が緩やかとなっており、帰宅困難者が発生していたことが読み取れる（図28）。

平時には滞在者が減少する時間帯（20時以降）においても、駅や大規模拠点を中心に多くの人が滞留していたことがわかる（図29）。

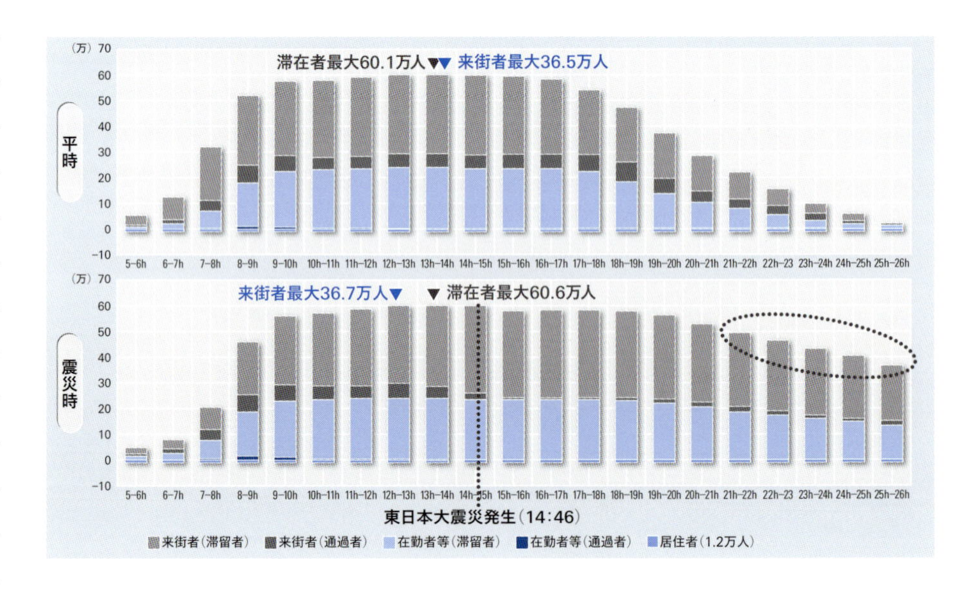

［**図28**］震災時と平時の滞留状況の比較：東京駅周辺
出典：国土交通省都市局都市安全課「ビッグデータを活用した都市防災対策検討調査（H25,3）」をもとに作成

東京駅周辺：平時の滞留状況（2011.3.4（金）0時～26時、2時間ピッチ、属性区分なし）

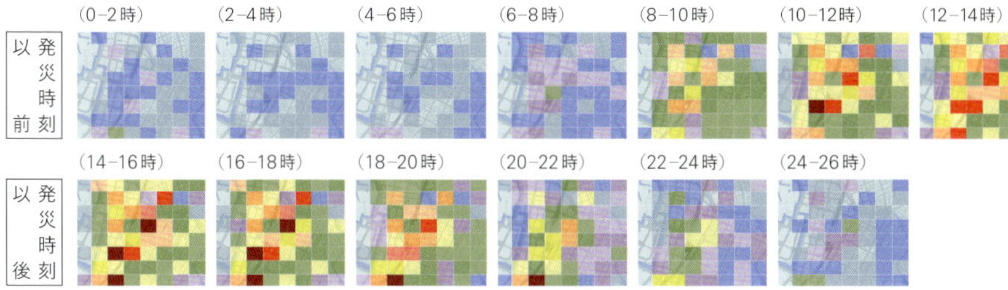

東京駅周辺：震災時の滞留状況（2011.3.11（金）0時～26時、2時間ピッチ、属性区分なし）

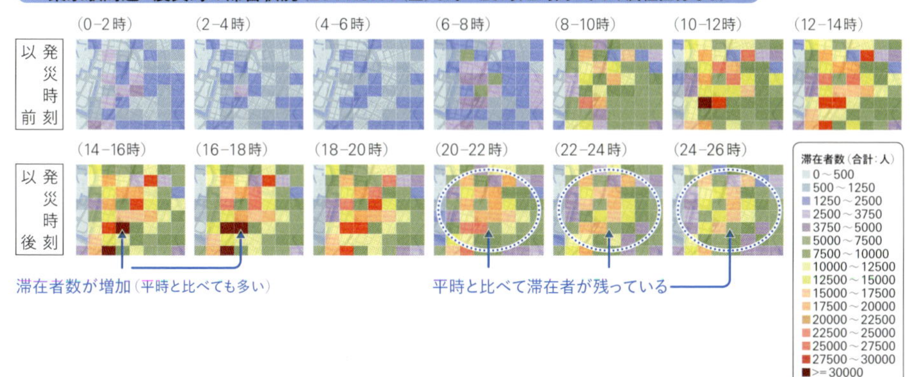

〈平時〉2011.3.4の滞留状況

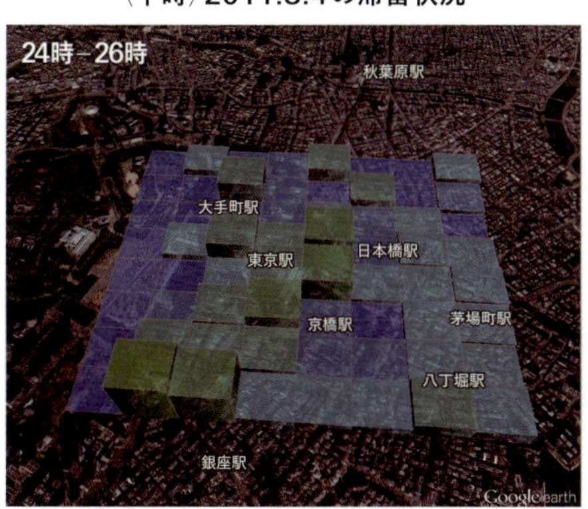

〈震災時〉2011.3.11の滞留状況

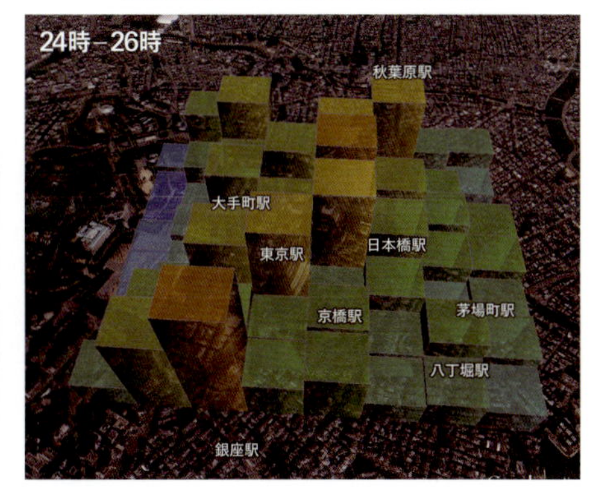

[**図29**] 震災時と平時の滞留状況の比較：東京駅周辺
出典：国土交通省都市局都市安全課「ビッグデータを活用した都市防災対策検討調査（H25,3）」をもとに作成
http://www.nikken-ri.com/idea/inv/12.html

●震災時と平時の滞留状況の比較：池袋駅周辺

池袋駅周辺では、日中の最大滞在者数は約25万人と推計され、内訳は在勤者等が約9万人、来街者は約16万人である。来街者については、夕刻ピークの買物・飲食・観光客（宿泊）など［中／長時間の滞留者］や池袋駅の鉄道利用・乗換などの［通過者］が多いと推定される。

震災時の発災直後は、東京駅同様、通過者が急減する。そして、在勤者等のエリア外への移動は少数である。通常、平時は滞留者（在勤者等、来街者とも）のピークは夕刻であるが、震災時は発災時がピークで以後は減少に転じ、発災時以降にはエリア外からの新たな流入増はなかった。夕刻以降、平時と比べて滞留者（在勤者等、来街者とも）の減少が緩やかとなっており、帰宅困難者が発生していたことが読み取れる（図30）。

深夜の時間帯においても、来街者は駅直近や周辺施設に滞在し、帰宅に支障が生じていたことがうかがえる（図31）。

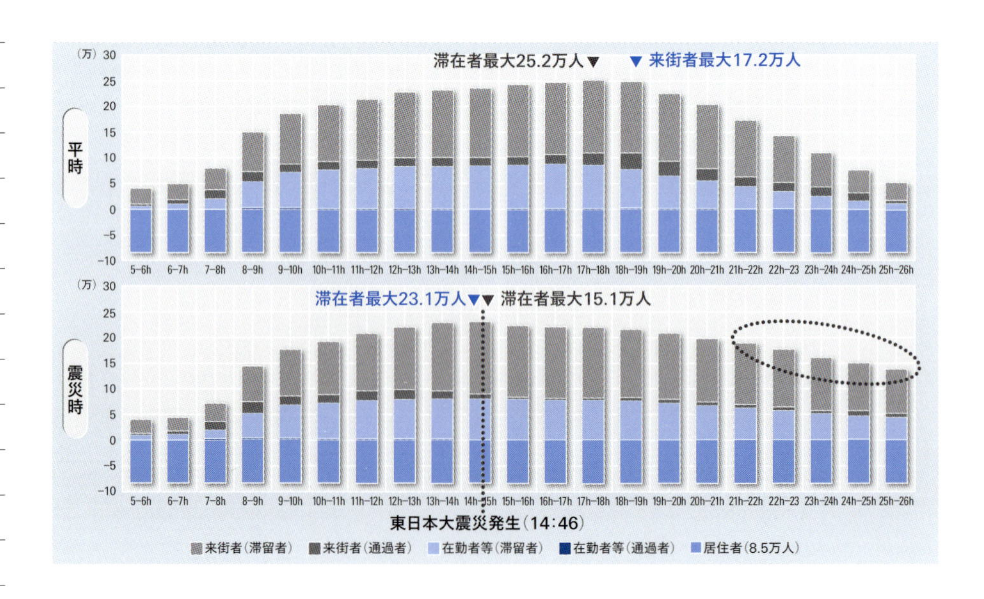

［図30］震災時と平時の滞留状況の比較：池袋駅周辺
出典：国土交通省都市局都市安全課「ビッグデータを活用した都市防災対策検討調査（H25,3）」をもとに作成

池袋駅周辺：平時の滞留状況（2011.3.4（金）0時～26時、2時間ピッチ、属性区分なし）

発災時刻以前：（0-2時）（2-4時）（4-6時）（6-8時）（8-10時）（10-12時）（12-14時）

発災時刻以後：（14-16時）（16-18時）（18-20時）（20-22時）（22-24時）（24-26時）

池袋駅周辺：震災時の滞留状況（2011.3.11（金）0時～26時、2時間ピッチ、属性区分なし）

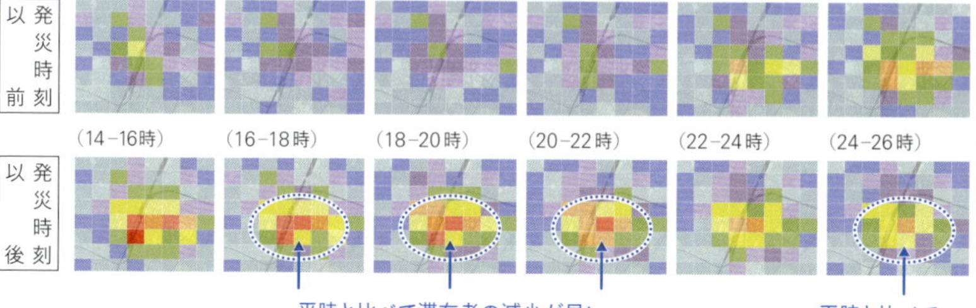

滞在者数（合計：人）
- 0～500
- 500～1250
- 1250～2500
- 2500～3750
- 3750～5000
- 5000～7500
- 7500～10000
- 10000～12500
- 12500～15000
- 15000～17500
- 17500～20000
- 20000～22500
- 22500～25000
- 25000～27500
- 27500～30000
- >=30000

〈平時〉2011.3.4の滞留状況

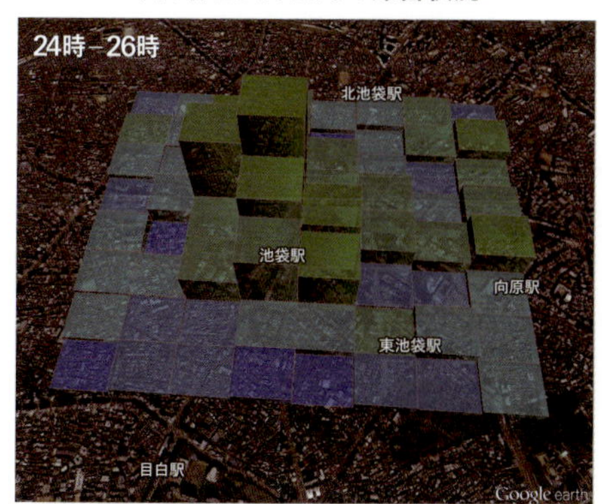

〈震災時〉2011.3.11の滞留状況

［**図31**］震災時と平時の滞留状況の比較：池袋駅周辺
出典：国土交通省都市局都市安全課「ビッグデータを活用した都市防災対策検討調査（H25,3）」をもとに作成

●震災時と平時の滞留状況の比較：仙台駅周辺

仙台駅周辺では、日中の最大滞在者数は約20万人と推計され、内訳は在勤者等が約7万人、来街者は約13万人である。来街者については、夕刻ピークの買物・飲食・観光客（宿泊）など［中／長時間の滞留者］や仙台駅の鉄道利用・乗換などの［通過者］が多いものと推定される。

震災時の発災直後には、通過者は減少しているものの、東京駅や池袋駅に比べると減少率は小さく一定の通過者が継続している。一方、在勤者等のエリア外への移動は生じており、平時と比べ早い時間帯から滞留者（在勤者等、来街者とも）が減少している。震災時、駅や周辺施設が被災し、滞在が難しかったことや、地震・津波情報などを通じて、自身の安全確保のための避難や、家族の安否確認のための帰宅など、首都圏とは異なり、より逼迫した状況にあった。そのような行動特性が示されている（図32）。

深夜時間帯において、平時と比べ、帰宅困難者が駅周辺に滞在していたような傾向は明瞭には見られない（図33）。

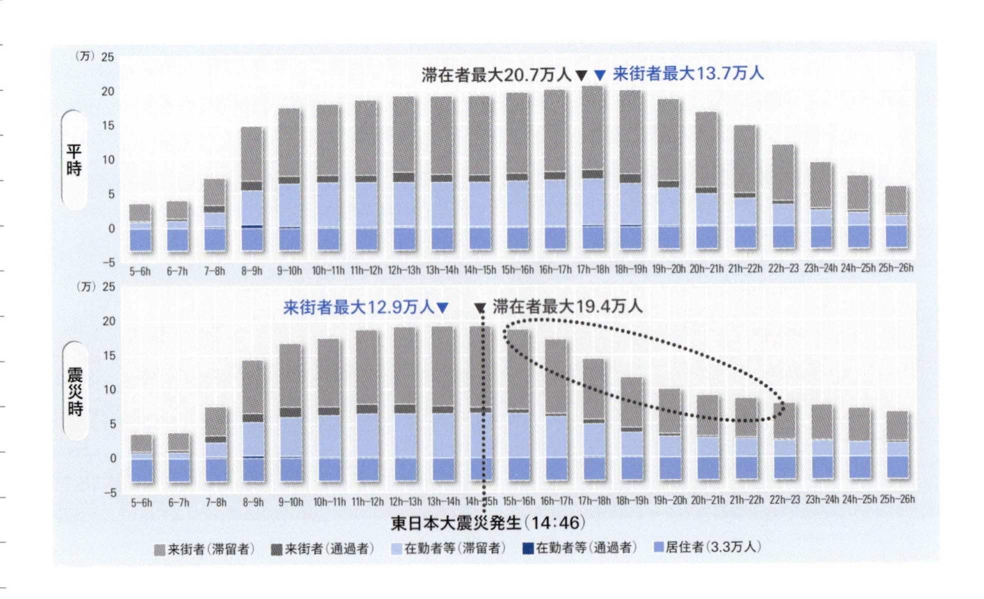

［図32］震災時と平時の滞留状況の比較：仙台駅周辺
出典：国土交通省都市局都市安全課「ビッグデータを活用した都市防災対策検討調査（H25,3）」をもとに作成

仙台駅周辺：平時の滞留状況（2011.3.4（金）0時〜26時、2時間ピッチ、属性区分なし）

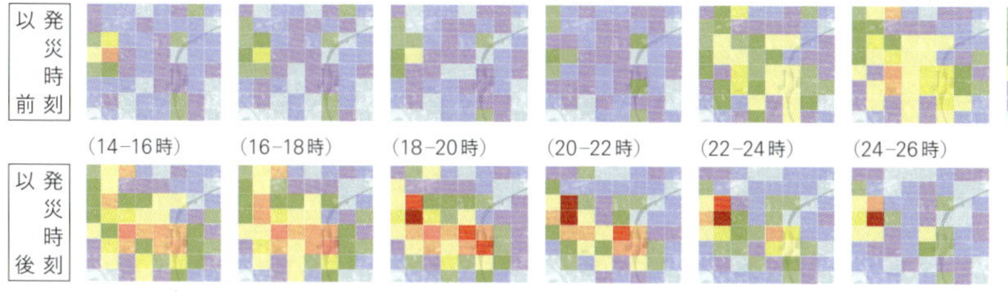

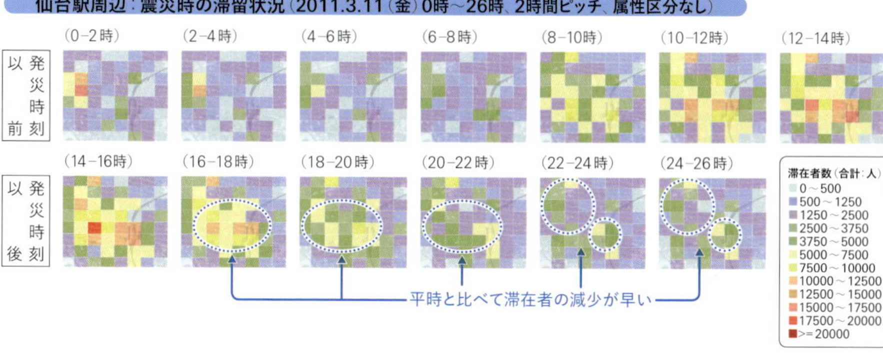

〈平時〉2011.3.4の滞留状況

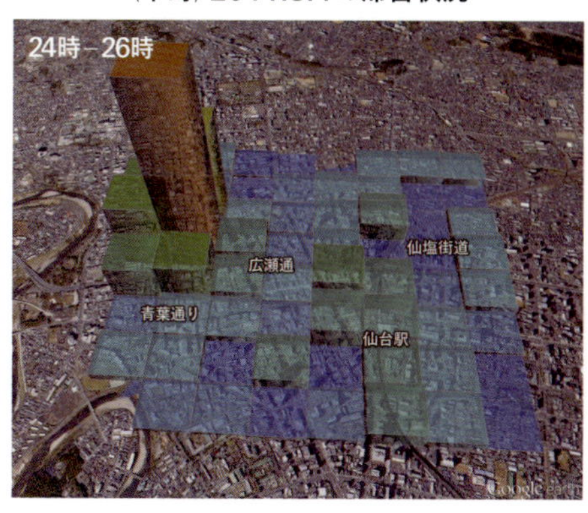

〈震災時〉2011.3.11の滞留状況

［**図33**］震災時と平時の滞留状況の比較：仙台駅周辺
出典：国土交通省都市局都市安全課「ビッグデータを活用した都市防災対策検討調査（H25,3）」をもとに作成

◉一時滞在施設の充足状況：東京駅周辺、池袋駅周辺

携帯GPSデータの分析結果をもとに、東京都市圏パーソントリップ調査を援用した帰宅困難率を考慮して、一時滞在施設の受入れ必要人数を算出した。

その結果、現状の充足率は約15%前後と、東京駅周辺、池袋駅周辺のいずれにおいても一時滞在施設は大幅に不足することがわかった（図34）。今後は、一時滞在施設の確保・収容人数の拡大が必要である。その際には、今回のような携帯GPSデータの分析結果が、一時滞在施設の最適な空間配置の検討に活用できるだろう。

また、発災時には一時滞在施設のほか、代用的な滞在スペースとして、大規模な地下空間や屋外のオープンスペース、駅構内などの利用も考えられる。こちらについても、携帯GPSデータの分析を行うことで、空間の利用可能性検証を行うことが有用である。

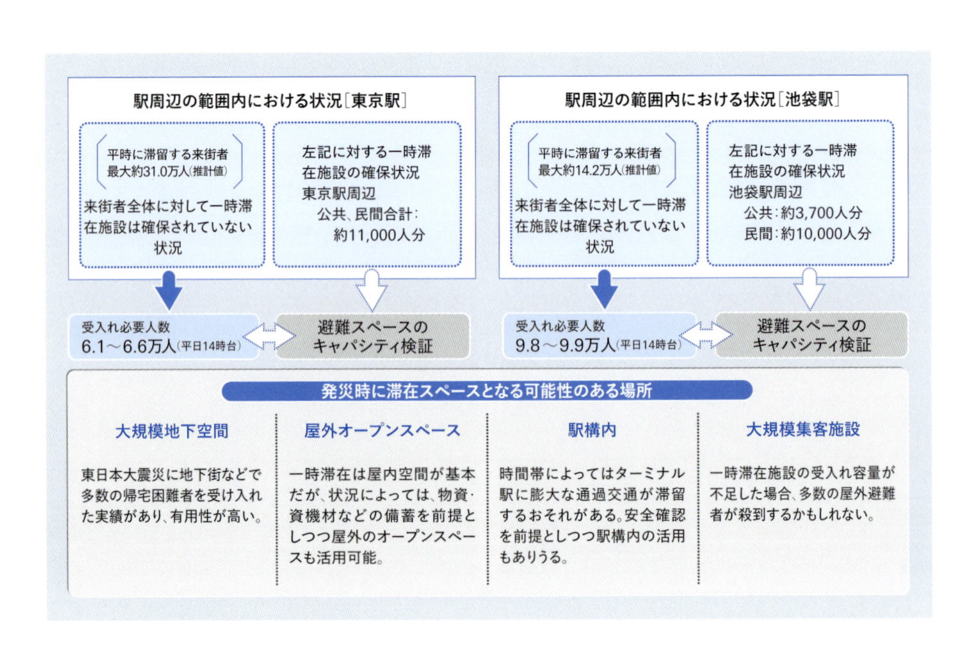

［**図34**］一時滞在施設の充足状況：東京駅周辺・池袋駅周辺
出典：国土交通省都市局都市安全課「ビッグデータを活用した都市防災対策検討調査（H25,3）」をもとに作成

今後の方向性：ICTエリアマネジメントによる防災力向上

今回紹介した事例では、個人のプライバシー保護の観点から、250mメッシュでの分析を行っている。そのため、屋内待機／屋外避難の状況や詳細な滞留／通過箇所の把握など、効果的な計画や避難誘導に資する情報としては、十分とはいえない。

携帯電話などの位置情報ビッグデータは、個々の位置情報や個人属性など、防災マネジメントにおいて非常に有用な情報であるが、現時点ではより詳細な分析は厳しい状況といえよう。

防災に限らず、これらをクリアする手法の一つとして、個人が自身の得られるメリットを考慮して、自主的にパーソナルデータ*2を登録・提供する仕組みづくりが重要である。例えば、災害に見舞われた時の最大の情報弱者は来街者である。そのため、平時に来街エリアの観光アプリに自身のパーソナルデータを登録し、おすすめの観光地や商業施設、イベント情報、言語支援などが得られるようにしておく。災害時の支援にもこの登録データが活用され、Win-Winの関係を構築することができる。

今後、インバウンドはますますの増加が見込まれる。防災時の外国人対応の観点からも、このような取組みは重要である。関連調査でも訪日観光客は、平時からWi-Fiの接続性を非常に重視しており、特に被災時は、まず母国のWEBサイトから災害情報収集を行う傾向があることも確認している。

災害対策の一環として、ソフト対策からさまざまな災害対応アプリの開発が行われているが、災害時に被災者がスムースに利活用できるアプリ・ソフトの普及は進んでいないのが現状である。利用者の得られるメリットを考慮した開発・普及が重要であろう。

2：2017（平成29）年版　情報通信白書より：「パーソナルデータ」は、個人の属性情報、移動・行動・購買履歴、ウェアラブル機器から収集された個人情報を含む。『改正個人情報保護法』においてビッグデータの適正な利活用に資する環境整備のために「匿名加工情報」の制度が設けられたことを踏まえ、特定の個人を識別できないように加工された人流情報、商品情報等も含まれる。そのため、「個人情報」とは法律で明確に定義されている情報を指し、「パーソナルデータ」とは、個人情報に加え、個人情報との境界が曖昧なものを含む、個人と関係性が見出される広範囲の情報を指すものとする。

［安全・安心］まちぐるみで見守る

安全・安心のまちづくり（見守りカメラ・見守りタグ〈BLEタグ〉）

兵庫県加古川市では、加古川市まち・ひと・しごと創生総合戦略に基づき「子育て世代に選ばれるまち」の実現に向けて、都市の安全・安心を一つの柱として情報通信技術利活用基盤を活用した取組みを推進している（図35）。これにより、市民の満足度や生活の質（QOL）向上、地域課題の解決を図ることを目指している。特に、安心して子育てができる環境の整備や、進行する高齢化に対応するため、地域総がかりで地域コミュニティの見守りの強化に注力している。

まちの安全・安心の実現に向けて、ICT安全・安心インフラ基盤整備推進事業（2017・2018〈平成29・30〉年度の2箇年）として、通学路を中心に見守りカメラ・見守りサービス検知器を市内約1,500箇所に整備している。ま

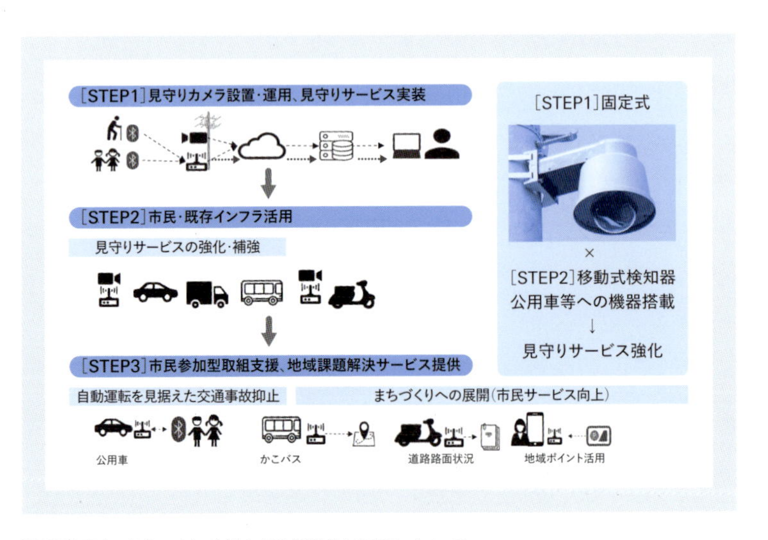

［図35］安全・安心のまちづくりに係る段階的な取組みイメージ

た、官民連携の取組みとして、複数の見守りサービス事業者の見守りタグ(BLE*3タグ)の信号を受信できる、日本初の見守りサービス検知器の開発を行っている。今後、これらのインフラを活用しつつ、地域の防犯性向上はもちろんのこと、市民サービス全般の向上に資するまちづくりへの総合ICTサービスへの展開を視野に進めている。

3：Bluetooth Low Energy

●ICT安全・安心インフラ基盤整備推進事業の概要(STEP1)

本事業では、大きく二つのメニューを推進している(図36)。

一つ目が「見守りカメラ」である。プライバシーの保護に十分配慮した見守りカメラを小学校の通学路や学校周辺を中心に整備している。2017(平成29)年度末に約900箇所、2018(平成30)年度末までにすべての見守りカメラ約1,500箇所を整備予定である。また、見守りカメラと接続した市民の安全・安心をリアルタイムで見守るシステムを構築している。このことにより、犯罪の抑止や事件・事故の早期解決に貢献する。さらに、見守りカメラの設置場所には「見守りカメラ設置エリア」と表示した告知看板を置く。市民への設置場所の明示、および犯罪の抑止に繋げることを意図している。

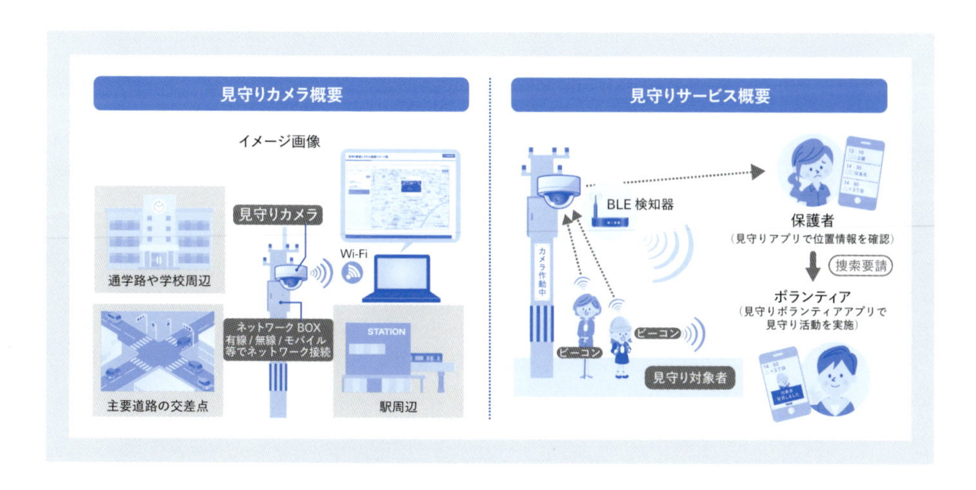

[図36] 見守りカメラ・見守りサービスの概要(サービスイメージ)

二つ目が「見守りサービス」である。子どもや高齢者などの見守り対象者が所持する小さな見守りタグ(BLEタグ)の信号を受信できるBLE検知器(市内約1,500箇所の見守りカメラに同梱)を設置する。検知した位置情報履歴の把握を通じて、子どもや高齢者などの見守り対象者の日々の暮らしを見守る仕組みである。本事業では、先にも述べたが、複数の見守りサービス事業者の見守りタグ(BLEタグ)の信号を共通で受信する日本初の検知器を加古川市が開発・整備している。そして、民間事業者がサービスを提供するという、官民連携の取組みが推進されているのである。

◉見守りカメラ設置場所の選定

見守りカメラ設置場所の選定にあたっては、犯罪学の有識者の助言(犯罪機会論に基づくカメラの設置場所検討)や、加古川市内の刑法犯(直近3年間の子ども・女性/それ以外)発生状況に基づき、理論的かつ科学的な検討を行っている。具体的には、カメラ整備の優先度を次の三つの流れで検討している(図37・38)。

❶ 通学路(通学路+準通学路)
❷ 通学路以外(学校周辺、駅・公園周辺、幹線道路等の交差点等)
❸ その他(市営公園、駐輪場出入口等)

❶では、情報の優先度として、刑法犯発生情報(子供や女性/その他)、PTA/町内会からの要望、市提案の順を踏まえ検討している。❷では、特に重要な学校周辺エリアは小学校の500m圏域を対象とし、駅・公園周辺エリアは250m圏域を対象とした。さらに、幹線道路などの主要交差点、学校区間の空白エリア、通学路以外の犯罪多発エリアを候補場所として選定した。現在、加古川市では、犯罪抑止の観点から、市のホームページ[URL3]で、見守りカメラの設置場所や選定した見守りカメラの設置候補場所(2018〈平成30〉年2月2日時点)を公開している。

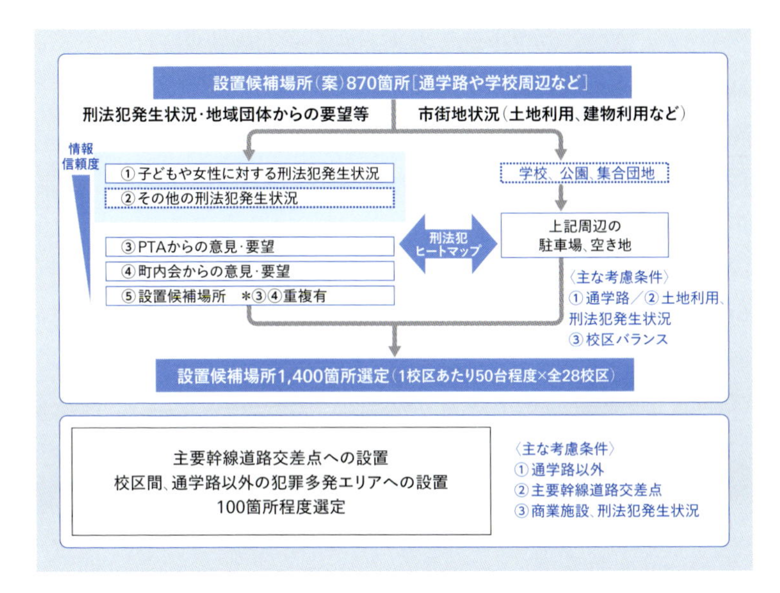

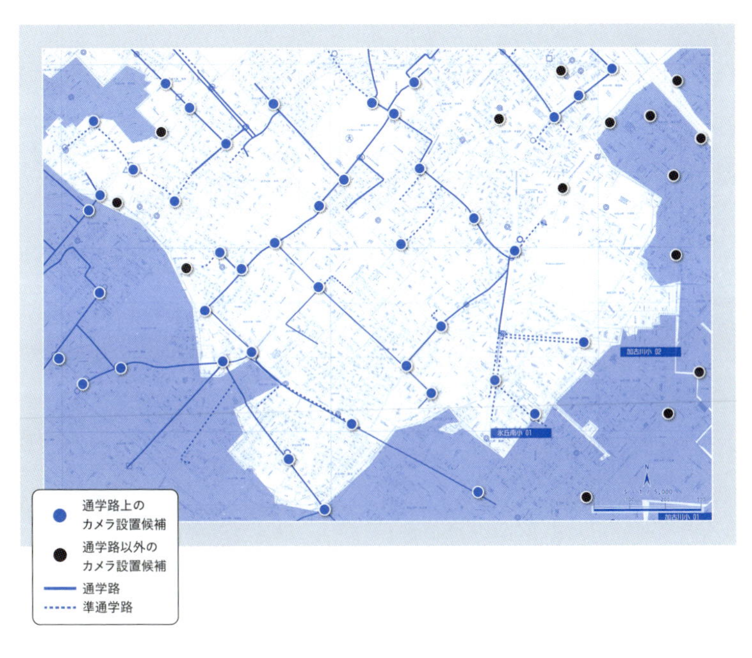

[**図37**] 見守りカメラの設置場所検討フロー
[**図38**] 見守りカメラ設置候補箇所検討イメージ

データ利活用型スマートシティ推進事業への展開

加古川市の先行事業を踏まえ、総務省:2017(平成29)年度データ利活用型スマートシティ推進事業に選定された後続事業では、「❶安全・安心分野での先行事業のサービス拡張、❷それ以外の分野への取組展開」に取り組んでいる(図39)。

詳細は後述するが、❶では、加古川市のスマートフォン向け公式アプリ「かこがわアプリ」の見守りタグ検知機能(本機能をONにすることで市民のスマートフォンが見守りサービスの検知器となる)の導入と、郵便車両に搭載したIoT機器を活用したよりきめ細かい見守りサービスを導入している。

❷では、複数分野のデータを収集し分析などを行う情報基盤(プラットフォーム)を整備することで、行政情報ダッシュボードの公開による市保有データの可視化・共有化を実現している。今後さらに、有識者や民間事業者、見守り活動を行う市民ボランティアなどの多様な主体が参画できる取組体制の構築を進めている。

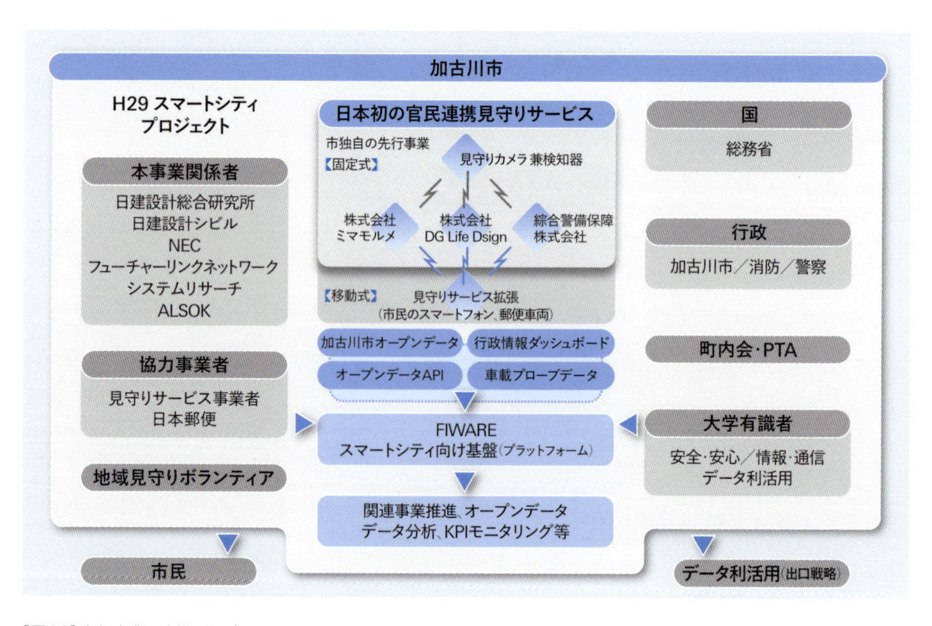

[図39] 先行事業と連携したデータ利活用型スマートシティ推進事業イメージ

●「かこがわアプリ」における見守りタグ検知機能の実装

かこがわアプリは、ユーザー登録したうえで、居住地域および現在地に応じて、ユーザーは緊急時に市から重要なお知らせをプッシュ通知で受け取ることができる。緊急時にエリアを絞ったプッシュ通知を行い、市民への効果的な情報提供・要請、迅速な捜索への活用を意図している。

さらに、本事業では、加古川市が実施する見守りサービス事業者の「BLEタグ」の検知機能を自治体アプリとしては初めて実装している（図40）。さらなる市民の安全・安心の高度化を目指したものである。

iPhone向け	［かこがわアプリのダウンロード］	Android向け
	右の二次元バーコード（QRコード）をスマートフォンで読み取るほか、iPhone利用者はApp Store、Android端末利用者はPlay Storeにて取得することができる。	

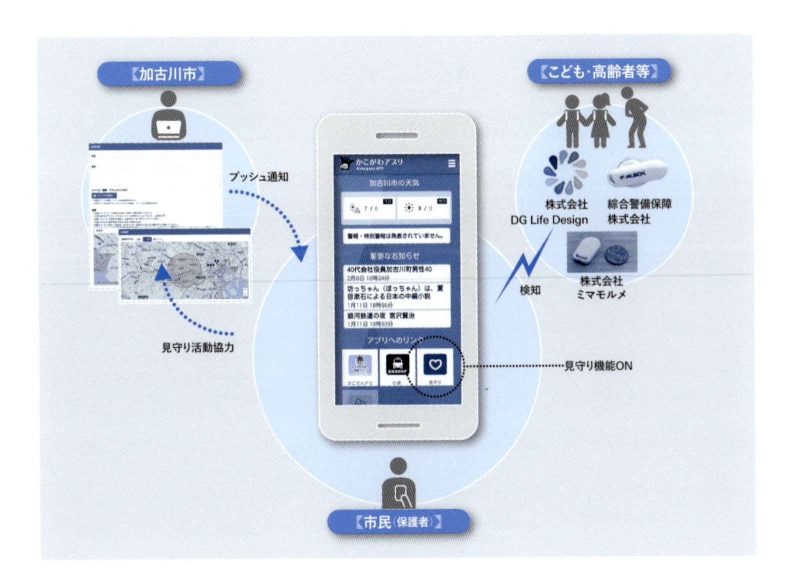

［図40］かこがわアプリによる見守りタグ検知機能の活用イメージ

●郵便車両へのIoT機器搭載

2017年12月に、加古川市、日本郵便株式会社、本田技研工業株式会社は「共同研究に関する協定」を締結した。本協定は、地域が抱えるさまざまな課題の解決や地域活性化・地方創生を実現することを目的に、ICTを活用した都市・地域の機能やサービスの効率化・高度化や、生活の利便性・快適性の向上と、人々が安全・安心に暮らせるまちづくりを目指したものである。

本事業では、三者共同研究の枠組みを活用し、加古川市内の郵便車両176台にIoT機器を搭載した（図41・42）。具体的な目的は、❶道路保全のための画像撮影用カメラ、❷よりきめ細かい見守りサービスの実現のための見守り共通検知器、❸走行データ収集用通信機器、の実装である。

この取組みでは、先行事業の電柱に取り付ける固定式機器に加えて、移動式の郵便車両にもIoT機器を実装することで、都市インフラとしての新たな価値創出を図っている。

今後は郵便車両や公用車へのIoT機器の搭載に加えて、綜合警備保障株式会社の加古川管轄の営業車両にも搭載を予定している。地域や行政、民間事業者とも連携した地域一体の都市セキュリティの向上を目指している。

まちづくりへの幅広い活用・展開に向けて、今後、加古川市が設置する複数分野のデータを収集・統合管理・分析を行う、データ利活用基盤（プラットフォーム）を積極的に利活用していく方針である。

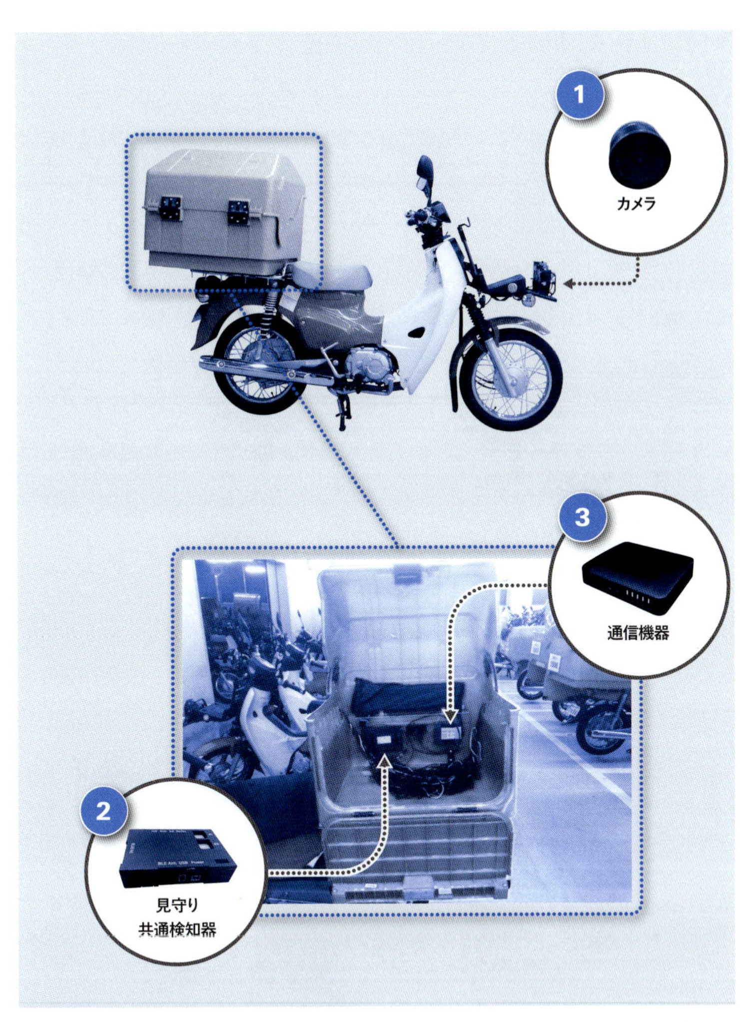

[図41] 郵便バイクへのIoT機器取付け状況
[図42] 日本郵便車両の啓発ステッカーデザイン

◉FIWAREを活用したスマートシティ基盤(プラットフォーム)

加古川市では、EUで開発・実装された基盤ソフトウェア「FIWARE」(ファイウェア:オープンソースソフトウェア)[URL4]を活用したスマートシティ向け「データ利活用基盤サービス[URL5]」を2018年3月から運用を開始している。

本サービスは、地域の活性化や安全・安心をはじめとする都市の課題解決に向けて、都市や地域に分散しているデータ(防災、観光、交通、エネルギー、環境など)や、IoT技術などを活用して収集したセンサーデータをクラウド上に蓄積し、共有・分析・加工して提供するサービスである。

ここでは、加古川市が保有する各分野のオープンデータや安全・安心分野をはじめとする各種データセットを、わが国の自治体の取組みとしては先進的なオープンデータAPI[URL6]を活用してFIWAREに蓄積し、分析することで、地域課題解決に向けた新たなサービス提供を推進している(図43)。

[図43] 加古川市オープンデータAPI

●ダッシュボードによるデータの見える化、バスロケーションシステム

前述のオープンデータAPIを用いて、FIWAREに蓄積されたデータを活用して二つのアプリケーションを構築した。一つ目は行政情報ダッシュボードであり、FIWAREに蓄積した「安全・安心をはじめとする複数分野のデータ」を地図上で重ねて閲覧するウェブシステムである(図44)。加古川市ではFIWARE上に、多種多様なデータを取り込み、既存の地理情報システムの統合化に向けた検討を進めており、行政運営の効率化を目指している。

二つ目は、加古川市が運営するコミュニティバス「かこバス」13台を対象にIoT機器を設置し、バスの位置情報を取得するバスロケーションシステムの構築である(図45)。利用者に見やすい形でリアルタイムのバス位置情報を提供し、「かこバス」の利便性の向上と利用促進を図っている(PC/スマホ/タブレットに対応)。

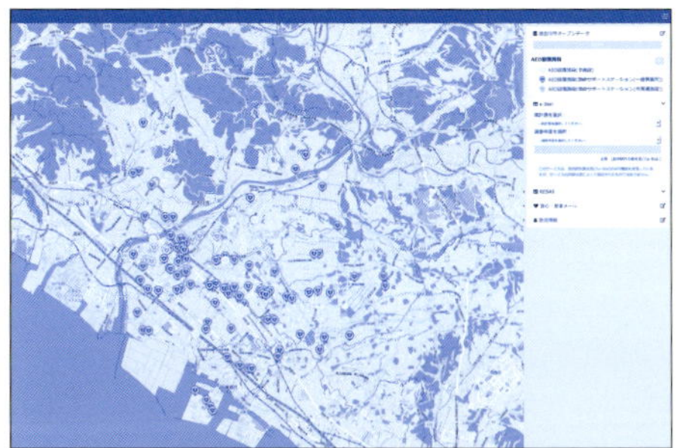

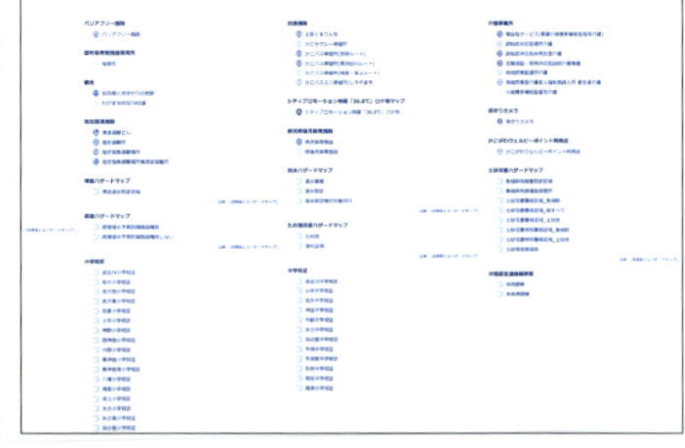

[図44] 行政情報ダッシュボードイメージ
[図45] バスロケーションシステムの構築

●市民の声を届ける「スマイルメール」サービス

従来、加古川市では、市民の声を届ける「スマイルメール」サービスを提供してきた（図46）。しかしながら、市民の使いやすさは十分ではなく、本事業で改良を行った。具体的には、スマートフォン対応および写真投稿の機能追加（写真データの取り込み時、管理画面に写真データの位置情報を表示）を行い、システムの機能拡張を図っている。このサービスは、かこがわアプリを通じてスマートフォンからもワンタップで連携し、市民の声を市政に直接届けるツールとして、市民との協働まちづくりを支援するものである。

また、将来的には、「スマイルメールシステム」に蓄積されたデータを活用し、市民からの問合せに適切な回答を自動生成する仕組みの構築が必要である。それにはAIを活用した自動回答システムが想定され、過去の回答例をAIが学習し、既往の質問と類似しているものは自動回答、回答が不能なものを選別することで市担当者の負担軽減が期待できる。また、回答例を増やしていくことでAIがさらに学習し、自動回答の幅が拡張することで回答精度の向上も期待できる。

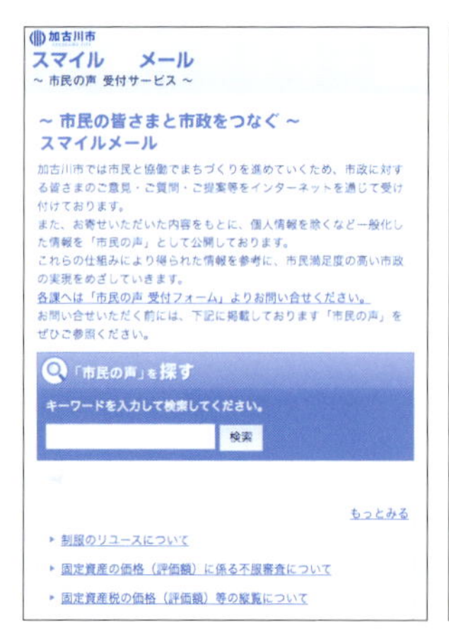

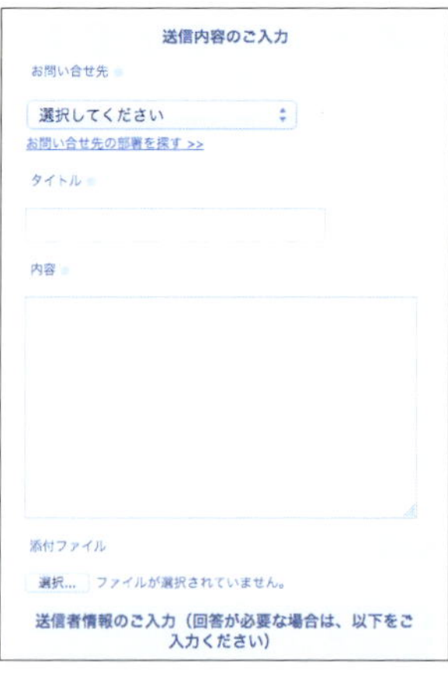

［図46］「スマイルメール」サービスの画面イメージ

◉都市の安全・安心などに資するスマートシティの実現に向けて

都市の付加価値向上や生活の質（QOL）を向上させるため、都市デザインとICTの融合はますます重要となっている。加古川市のスマートシティプロジェクトでは、日本初の官民連携による見守りサービス導入や、生活利便性向上に資するFIWARE・関連システムの社会実装に重点を置き、都市の付加価値向上を目指してきた。

本事業の知見に基づき、今後は、以下の取組み展開の検討を予定している。

［既往サービスの高付加価値化（他分野への展開）］

- かこがわアプリや統合ダッシュボードの改良・多機能化

（例：河川情報の提供（水位カメラ・センサー）、雇用データ（ハローワークとの連携）×住環境データ（不動産関連事業者との連携）の提供、救急医療情報（夜間・休日診療病院））

- 地域ポイントデータとの連携

（例：市民ボランティア等の公共貢献の可視化）

- 公共交通サービスの強化支援

（例：かこバスの混雑状況の見える化、かこバスミニ・かこタクシーの運行状況把握（デマンド化））

［新たなサービスの創出・拡大］

- 見守りカメラの新たな利活用（例：クルマの放置や不法投棄の監視によるごみ減量対策）
- 大学や統計データ利活用センター（総務省統計局）との連携

加古川市は、兵庫県の人口約26万人の都市である。安全・安心を基軸としたICTまちづくりの推進、データ利活用型スマートシティ推進事業への展開、FIWAREの導入など、全国の自治体の参考となるICT利活用型の都市マネジメントの先行的取組みが進んでいる。

本事例は、国内の自治体に共通する超少子高齢化といった社会課題を見据えつつ、ハード主体のまちづくりに加え、ICTを活かしたソフトとも融合した都市デザインや官民連携の取組み（社会実装）を推進する有益な事例であるといえよう。

［経済］消費行動の見える化と分析

消費者購買履歴データによる都市のプロジェクト効果の見える化

利用経験がある方が多いと思うが、現在、多くのポイントカード・ポイントサービスが普及している。ここでは、消費者購買履歴データが、都市のマネジメントにいかに活用できるか試行した結果を紹介する。

対象としたのは、カルチュア・コンビニエンス・クラブ株式会社が運営するTカードの消費者購買履歴データである（図47）。Tカードは、リアル店舗とネットの多種多様なライフスタイルの消費者の購買履歴消費データが、シングルソース（ID）に紐づいていることが特徴である。まちづくりやエリアマネジメントの観点から見ると、どんな人が（属性）・いつ（時間）・どこで（位置）・どんな消費を行ったのか（消費行動）を把握できる。

2018年11月時点で、Tカードは、提携店舗数約99万件、年間利用会員数約6,800万人、年間関与売上8兆円のビックデータに成長している。現在、CCCマーケティング株式会社が、Tカードの消費者購買履歴データを活用

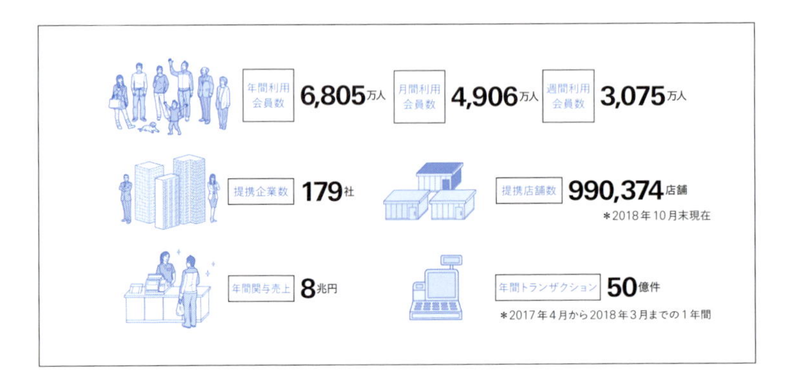

［図47］Tカードの利用規模（2018年11月時点）
出典：https://www.cccmk.co.jp/

し、企業のマーケティング戦略を支援する各種サービスを提供している。

◉調査の目的と方法

［目的］消費者購買履歴データによるプロジェクトの経済効果の見える化として、大規模都市開発や都市基盤整備が人々の消費行動に与える影響について、Tカードのデータを活用した見える化を試行する（図48）。

［方法］消費行動（=Tカード利用人数）と消費金額（=Tカード利用金額）について、プロジェクトの開業前後を対象に増減率を算出する。特定の店舗の情報が顕在化しないように、プロジェクト周辺エリア内のすべてのTカード提携店舗の利用履歴データの合計値を用いる。

［期間］各プロジェクトの開業前後3か月を対象に累積値を集計分析する。なお、消費行動（=Tカード利用人数）については、同一人物によるTカードの重複利用を除外したユニーク数として集計する。

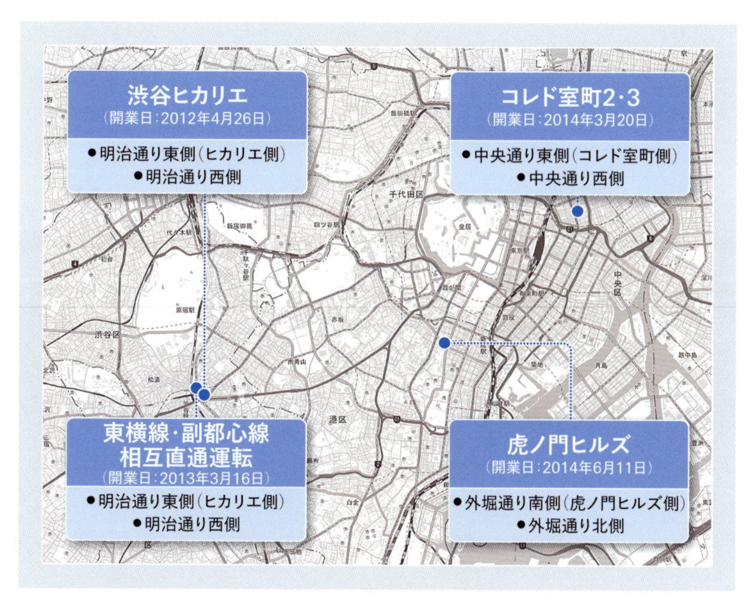

［図48］分析対象としたプロジェクト

◉分析結果

[エリア別／平日と休日別の分析]

プロジェクトの開業前後における、消費行動(=Tカード利用人数)と消費金額(=Tカード利用金額)の増減率を算出し、エリア別・平日休日別に集計した(図49)。全プロジェクトで共通して、平日より休日の方が消費行動や消費金額が増加している。特に、プロジェクトがエリアにもっとも大きなインパクトを与えたのは虎ノ門ヒルズで、消費行動と消費金額がともに大きく上昇している。虎ノ門ヒルズでは、官庁街近傍にホテルやカンファレンスなどの集客施設が整備され、広域的な集客力を高めたことが理由の一つとして考えられる。

この分析の特徴は、やはり開業前後の消費金額の増減率の把握であろう。従来の都市開発プロジェクトの評価(費用対効果分析など)では、効果の直接的な金銭評価が困難であったため、地価・賃料などの代理変数を用いた評価が主体であった。本評価における、プロジェクト効果の一部ではある

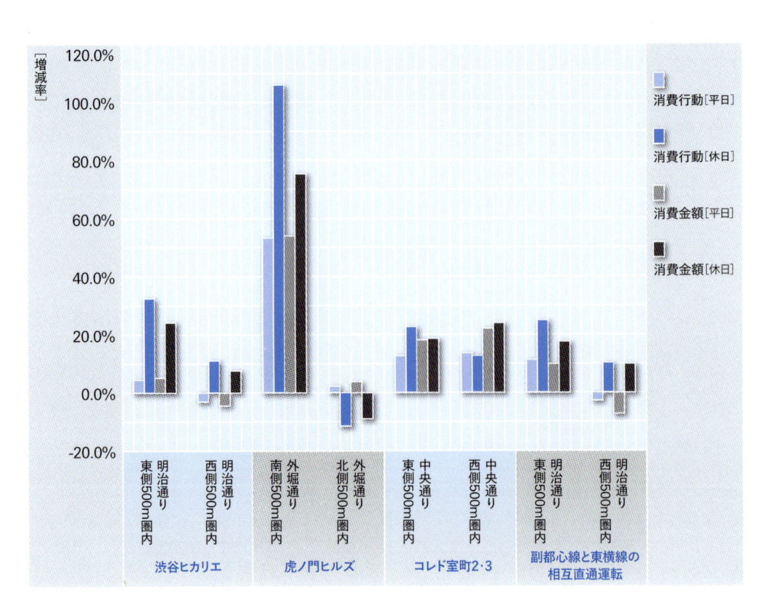

[図49] プロジェクトの開業前後における消費行動(=Tカード利用人数)と消費金額(=Tカード利用金額)の増減率

が、効果を直接キャッシュで把握できる当アプローチは非常に有力である。

［属性別分析／性別・年代別分析］

プロジェクトの開業前後における消費行動（=Tカード利用人数）の増減率を性別年代別に分析した。一例を図50に示す。渋谷ヒカリエが立地する明治通り東側500m圏内では、渋谷ヒカリエ開業により10〜30歳台の男女による消費行動が増加し、特に20歳台の女性の消費行動が増加している。虎ノ門ヒルズが立地する外堀通り南側500m圏内では、40歳台男性の消費行動が特に多かった。虎ノ門ヒルズの開業前後の比較では、女性による消費行動が特に増加し、増加傾向は高齢になるほど顕著であった。虎

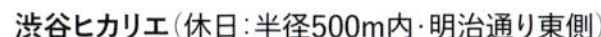
渋谷ヒカリエ（休日：半径500m内・明治通り東側）

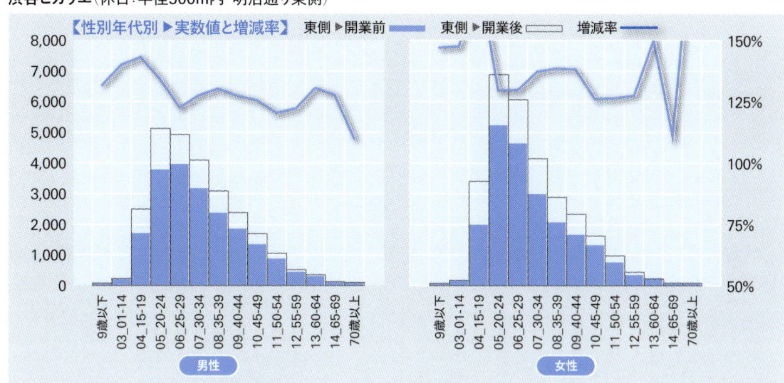

虎ノ門ヒルズ（休日：500m以内・外堀通り南側）

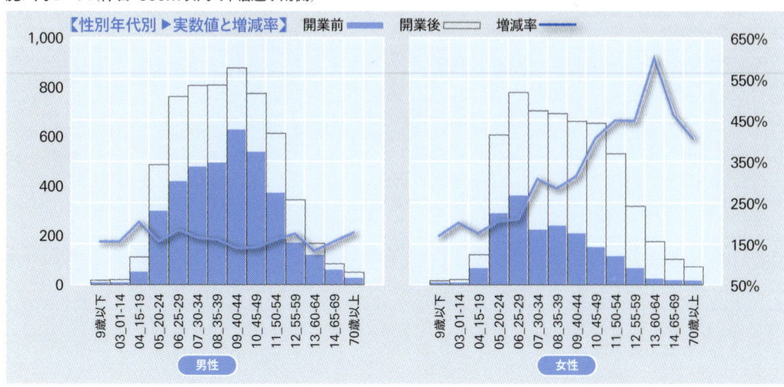

［図50］プロジェクトの開業前後における消費行動（=Tカード利用人数）の増減率

ノ門ヒルズが、これまで虎ノ門に来なかった人を惹きつけ、消費行動を誘発していることが確認される。

［居住地別分析］

渋谷駅における、東京メトロ副都心線と東急東横線の相互直通運転の開始前後の消費行動（=Tカード利用人数）を取り上げる（図51）。相互直通運転を契機として、どの居住地から来る人が消費行動を起こすようになったのか。これを「リフト値*4」により把握した。相互直通運転により、渋谷駅周辺地域の商圏が横浜市・ふじみ野市・川越市方面に拡大したことが確認される。特に、スクランブル交差点・センター街・代々木公園など観光スポットの多い「明治通り西側エリア」にて、広域からより多くの人を集めて消費行動を誘発している傾向が確認される。

4：リフト値とは、プロジェクト開業後に消費行動を起こすようになった人の構成割合÷プロジェクト開業前から消費行動を起こしていた人の構成割合

［副都心線と東横線の相互直通運転］

（休日／明治通り東側500m圏内）

市町村区	プロジェクト開業前は利用なし（A）		プロジェクト開業前から利用あり（B）		Aの構成比÷Bの構成比
	人数	構成比	人数	構成比	リフト値
合計人数	30,730	100%	27,594	100%	
横浜市戸塚区	149	0.48%	94	0.34%	1.4
川越市	171	0.56%	108	0.39%	1.4
八王子市	295	0.96%	190	0.69%	1.4
葛飾区	279	0.91%	182	0.66%	1.4
所沢市	187	0.61%	125	0.45%	1.3
足立区	370	1.20%	248	0.90%	1.3
小平市	146	0.48%	99	0.36%	1.3
江戸川区	447	1.45%	305	1.11%	1.3
川口市	254	0.83%	177	0.64%	1.3
松戸市	180	0.59%	126	0.46%	1.3

（休日／明治通り西側500m圏内）

市町村区	プロジェクト開業前は利用なし（A）		プロジェクト開業前から利用あり（B）		Aの構成比÷Bの構成比
	人数	構成比	人数	構成比	リフト値
合計人数	103,456	100%	98,063	100%	
ふじみ野市	537	0.52%	169	0.17%	3.0
川越市	619	0.60%	338	0.34%	1.7
船橋市	748	0.72%	431	0.44%	1.6
横浜市戸塚区	444	0.43%	272	0.28%	1.5
横浜市鶴見区	571	0.55%	360	0.37%	1.5
八王子市	886	0.86%	573	0.58%	1.5
横須賀市	429	0.41%	279	0.28%	1.5
所沢市	557	0.54%	363	0.37%	1.5
松戸市	594	0.57%	402	0.41%	1.4
市川市	957	0.93%	654	0.67%	1.4

［図51］相互直通運転の開始前後の消費行動（=Tカード利用人数）を行った人の居住地の変化

［**時刻別分析**］

プロジェクトの開業前後における、消費行動（=Tカード利用人数）の時刻別割合を見る（図52）。一例として、虎ノ門ヒルズが立地する外堀通り南側500m圏内では、開業前は朝（6時〜10時頃）に消費行動を起こす人が多かった。開業後は午後（13時〜17時頃）に消費行動を起こす人が増加している。先の属性別分析の高齢女性の誘発に加え、消費行動の時間帯にも影響を与えていることがデータから確認される。

消費者購買履歴データの都市マネジメントへの試行として、Tカードのデータを対象に、都市のプロジェクトが周辺エリアに与える影響を定量的に把握する可能性を検証した。これらの結果からは、その利用可能性は非常に高いといえよう。特に興味深いのは、プロジェクトが、街を訪れ消費する人々の性別や年代、居住地を変化させ、消費時間や消費額に影響を与えていたことを可視化できたことである。

消費者購買履歴データは、今回検証した都市開発プロジェクトの開業効果はもとより、今後は想定ターゲットが適切に誘発できているかなどの都市／エリアマネジメントにおけるPDCAサイクルへの適用が有益と考える。

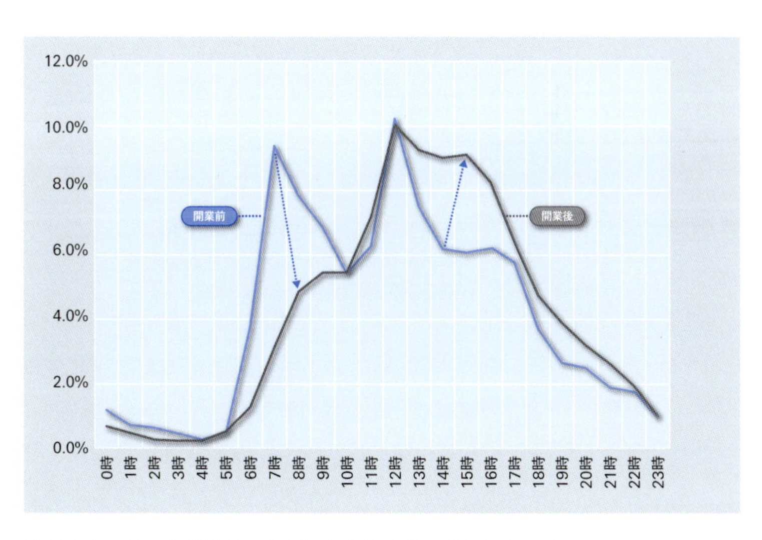

［**図52**］消費行動の時刻別割合：虎ノ門ヒルズ（休日／外堀通り南側500m圏内）

［環境エネルギー］
スマートエネルギーシティを目指して

エネルギーマネジメント（街区）

国内外において、持続成長可能な都市、低炭素型都市の実現に向けた取組みが推進されている。東日本大震災以降、建物の耐震性のみならず、災害時にエネルギーの安定供給が確保される業務継続地区BCD構築の概念が提起され、主要都市部における分散型電源・再生可能エネルギーなどを活用したレジリエンス強化の取組みが進む。都市再生を機とした低炭素・防災減災力・快適性などを目指す「スマートエネルギー都市」の実現は、わが国の国際競争力確保にも寄与する。

そのためには、技術面はもとより、効果・必要性を各種ステークホルダーにわかりやすく伝え、スマートエネルギー事業体の持続的成長に資するICTを利活用した適切な管理手法を構築しておくことが重要である。ここでは、「ICTを利活用したスマートエネルギー都市」の実現に向けて、根幹となるエネルギーインフラ「スマートエネルギーシステム」を対象に、街区のエネルギーマネジメントの実現化に貢献しうる環境エネルギーマップを紹介する。

●環境エネルギーマップ：都市エネルギー情報の可視化

都市再生を機に展開される面的なまちづくりの中では、分散型エネルギーシステムや面的な未利用エネルギーの活用を組み込むことが有効である。ここでは、まず需要側の観点から、都市のエネルギー情報を可視化する環境エネルギーマップ活用の考え方を示す（図53）。

環境エネルギーマップは、GISを活用し、都市の建物用途別面積と用途別のエネルギー消費量原単位をもとに都市のエネルギー消費量（需要量）を可視化する。本来、都道府県が実施する都市計画基礎調査の建物用途別面積調査の結果が必要であるが、ここでは、全国均質的な環境エネルギーマップの作成を意図し、株式会社ゼンリンの建物ポイントデータ(住宅地図を基軸とした建物情報)を活用する。エネルギー消費量原単位は、[文献1,2]の値を活用し、24時間のエネルギー消費量の変動は[文献3]の時刻別変動値を採用する。

一例として、東京都全域を対象とした民生部門建物起因の年間の一次エネルギー消費量を図54に示す。8月の代表日を取上げた時刻別の一次エネルギー消費量の変動(24時間中から抜粋)を図55に示す。本来、一棟ごとの推計ができているが、これらの図は可視化の都合上、メッシュ化のうえ表示している。

環境エネルギーマップを活用することで、従来、空間情報として認識されていなかったエネルギー消費量(需要量)が把握され、「スマートエネルギー都市」の実現に向けた、エネルギー課題の抽出、適地選定、地域特性を踏まえた個別施策検討ならびに効果を把握することが可能となる。

●スマートエネルギーシステムの実現に向けて

街区のエネルギーインフラとなるスマートエネルギーシステムの実現には、

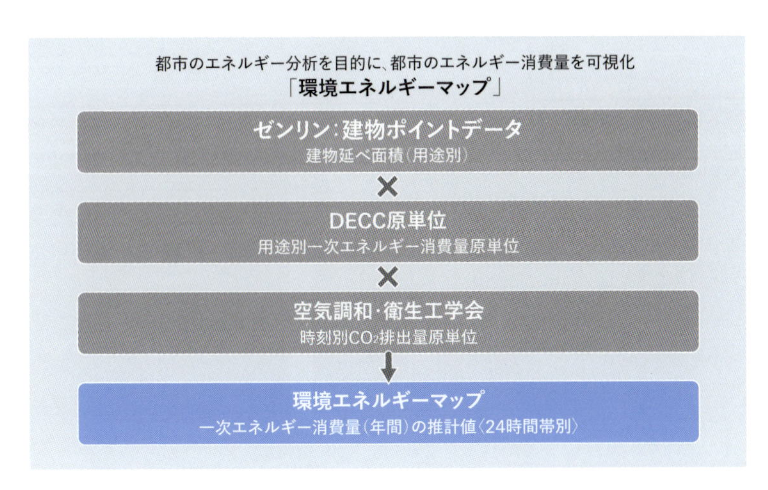

[図53] 環境エネルギーマップの作成手順

客観的かつ空間横断的な都市の現状把握に加え、エネルギー消費量（需要量）と地域特性を踏まえた未利用エネルギー量とのマッチングが重要となる。

太陽光のほか、都市にはごみ焼却場や下水処理場が存在し、河川や

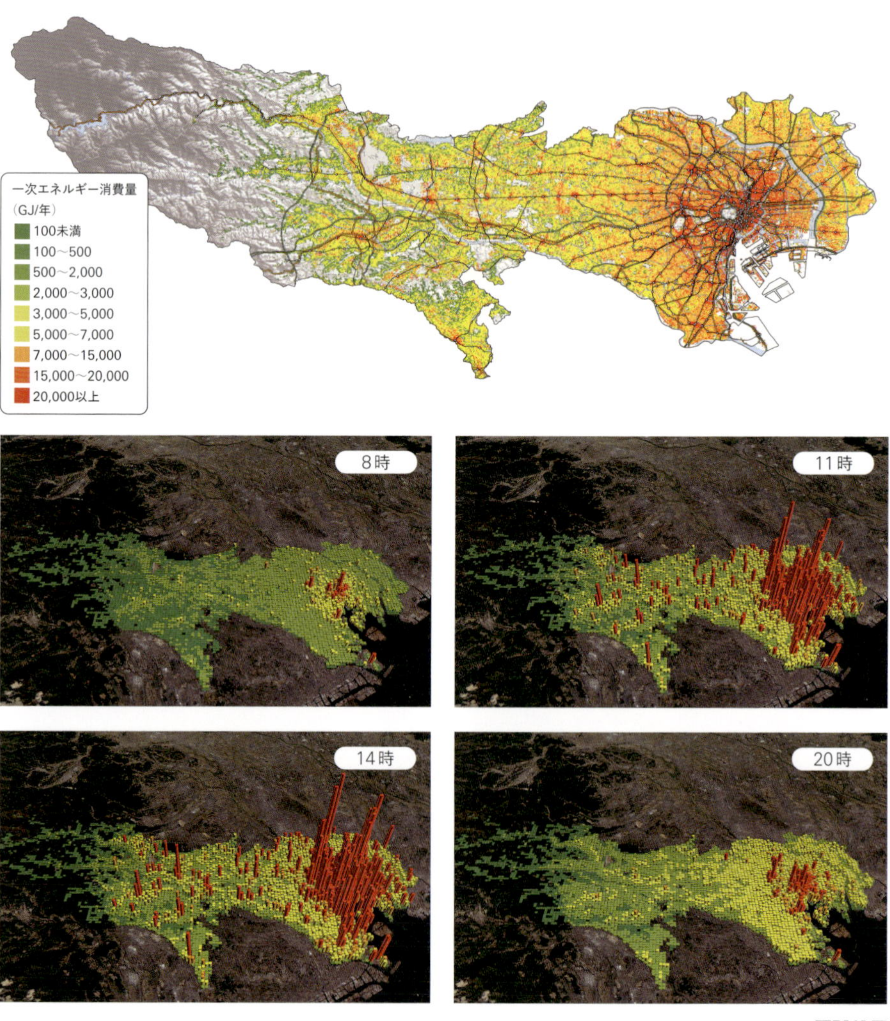

［図54］年間の一次エネルギー消費量推計値（東京都：民生部門建物起因）
［図55］時刻別の一次エネルギー消費量推計値（東京都：8月代表日：民生部門建物起因）
http://www.nikken.co.jp/ja/archives/ndvukb000002ee2t.html

地下水が流れ、持続可能な都市・地域づくりのため豊かな資源（温度差）を分散型エネルギーシステムに組み込む試みが国内外で進められている。都市・地域の大幅な低炭素化やレジリエンシー強化ならびに地域経済の自立・活性化への貢献が進められているのである。

上記の具体例として、地域・街区レベルで自立分散型のシステムを構築するスマートエネルギーシステムの概念図を図56に示す。

◉検討の枠組みと方針

建物の省エネルギー検討手法としては、建物単体だけでなく建物群に対してエネルギー（電気や熱など）を供給し、面的にエネルギーを使う手法が着目されている。検討の枠組み・方針として図57に「スマートエネルギーシステムの適地選定」、「省エネルギー効果試算」ならびに「レジリエンスの効果試算」を検討・評価する手順例を示す。

ポイントを以下に摘要する。

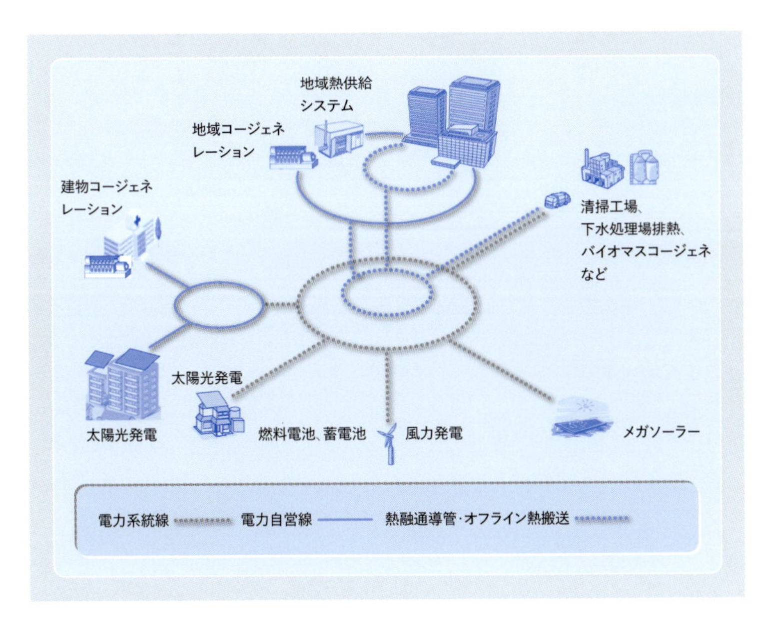

［図56］スマートエネルギーシステムの概念図（文献4）

❶ 「スマートエネルギーシステムの適地選定」では、環境エネルギーマップをベースに、未利用エネルギー(太陽光、太陽熱、地中熱、下水熱、河川水熱、冷房排熱、清掃工場排熱、地下鉄排熱など)の利用可能性を検討し、事業性が成立する一定要件・規模を有する適地を選定する。
❷ 「省エネルギー効果試算」では、対象街区の敷地・建物面積・用途などを設定したうえで、建物の各需要量(電気、冷房、暖房、給湯)と需要パターンやピーク時需要量を設定し、比較ケースとして、現状とスマートエネルギーシステム導入時について、その効果をシミュレーションする。
❸ 「レジリエンスの効果試算」では、非常時の必須活動内容とその電

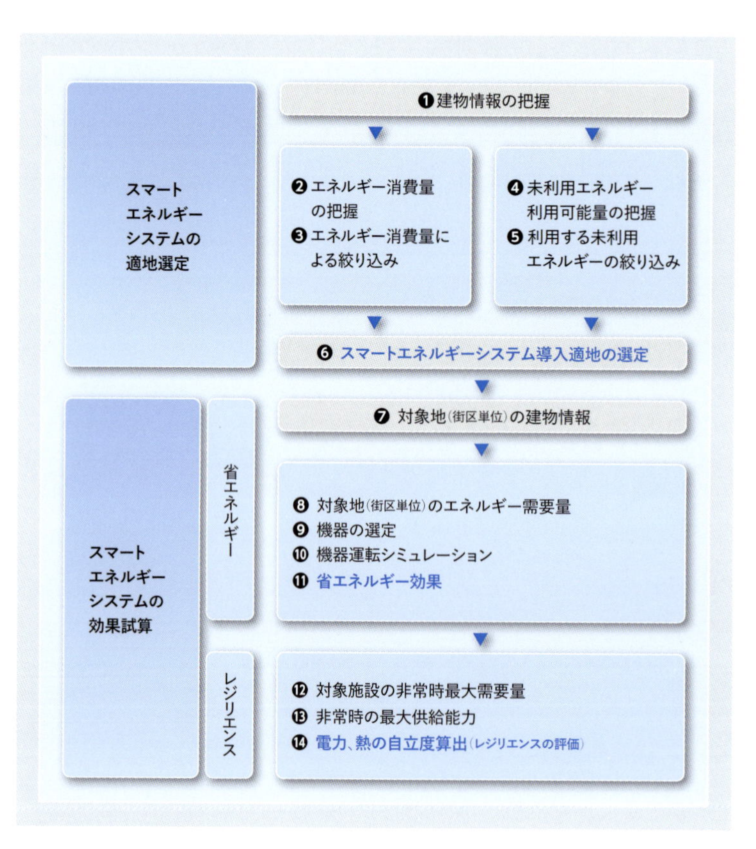

[図57] 検討の枠組み・方針

力・熱の最大需要量を設定(ここでは[文献4]より「震災などによる通常機能回復までの長時間にわたる供給途絶時(発生後〜数日間)」において機能維持が望ましい設定内容を援用)したうえで、系統電力・都市ガスの供給途絶シナリオを想定し、現状とスマートエネルギーシステム導入時の比較ケースで、自立度=「非常時の最大供給能力」/「非常時の最大需要量」とした当該街区のレジリエンス強化を評価する(図58)。

◉スマートエネルギーシステムの導入効果の試算(例)

一例として、東京23区の特定街区(敷地面積約36万m²、建物延べ面積約120万m²)を対象とした試算結果について紹介する。事業性成立要件としては、東京都既存地域冷暖房供給実績をもとに、「平均供給エネルギー密度2,200(MJ/m²・年)以上かつ供給区域(土地)10万m²相当以上」を満たすエリアとしている。

「省エネルギー効果」を図59に示す。現状とスマートエネルギーシステ

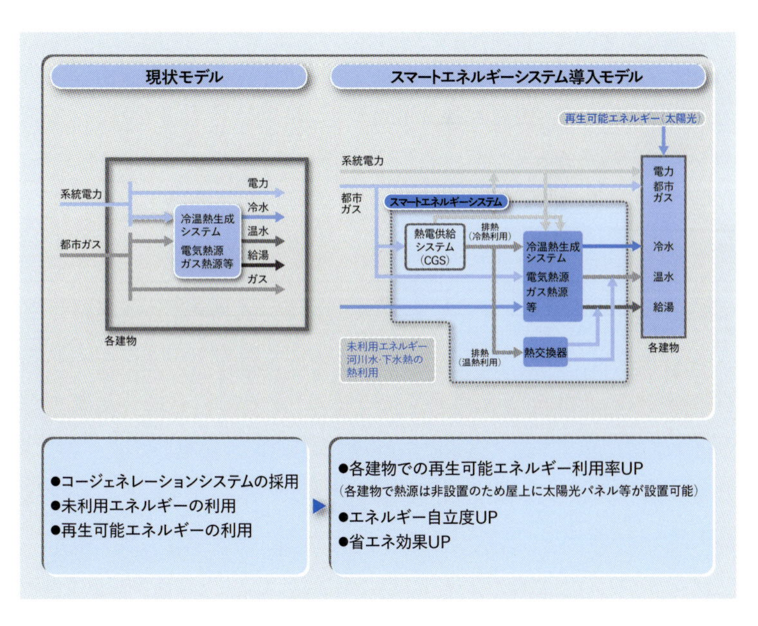

[図58]スマートエネルギーシステムの導入効果

ム導入時ケースの比較では、年間合計で一次エネルギー消費量が18%削減という結果である。これは一般的なオフィスビル25万㎡分の消費エネルギー量に匹敵する（一般的なオフィスのエネルギー消費量を2,000MJ/㎡・年と想定した場合）。建物側での省エネの取組みも合わせると、さらなる省エネ効果が期待される。

下記の前提条件を置いた場合の「レジリエンスの効果」を図60〜63に示す。

［**現状モデル**］
- 系統電力、都市ガスの供給途絶
- 自家発電機を設置している建物は備蓄している燃料分だけ稼働可能
- 熱源供給システム（CGS）の設置建物は都市ガス（防災認定配管）によりガスの供給を継続、建物内への熱電供給が可能
- 既存建物の自家発電機、熱源供給システム（CGS）等の容量を調査

［**スマートエネルギーネットワーク導入モデル**］
- 系統電力、都市ガスの供給途絶
- 都市ガス（防災認定配管）により熱源供給システム（CGS）への供給は継続
- 電力自営線、熱供給配管の供給は継続
- スマートエネルギーネットワーク内の熱電供給システムにより街区内への熱及び電力の供給が可能

現状とスマートエネルギーシステム導入時ケースと非常時需要量（自立度100%）を比較すると、電力では、現状建物の発電機の実装容量が小さい傾向もあり自立度は55%と低いが、スマートエネルギーシステム導入時では非常時に必要な電力需要の100%が供給可能な結果となる。

熱（冷熱）では、現状では自立度5%であるが、スマートエネルギーシステム導入時では、非常時に必要な熱需要（冷房）の約39%が供給可能である。

熱需要（暖房）では現状が自立度10%に対しスマートエネルギーシステム導入時は自立度83%、熱需要（給湯）では現状が自立度31%に対し、ス

マートエネルギーシステム導入時は自立度250%との試算結果である。

ここでは、今後、国内外において都市再生を機に展開される面的なまちづくりにおいて、国際競争力確保の観点から「スマートエネルギー都市」の実現が重要であるとの認識のもと、根幹となる街区のエネルギーインフラ「スマートエネルギーシステム」を取り上げた。そして、実現時の効果・必要性を多様なステークホルダーに理解されやすい枠組みとして環境エネルギーマップの活用例を示している。

ICTを利活用したスマートエネルギー都市は、わが国の技術的優位を発揮できる主要な領域である。低炭素・省エネルギーに加え防災・減災を同時に組み込んだまちづくりの実現は、わが国の都市の国際競争力向上のみならず、経済政策の一環としてのパッケージ型インフラ輸出にも、大きく貢献できるものと考える。

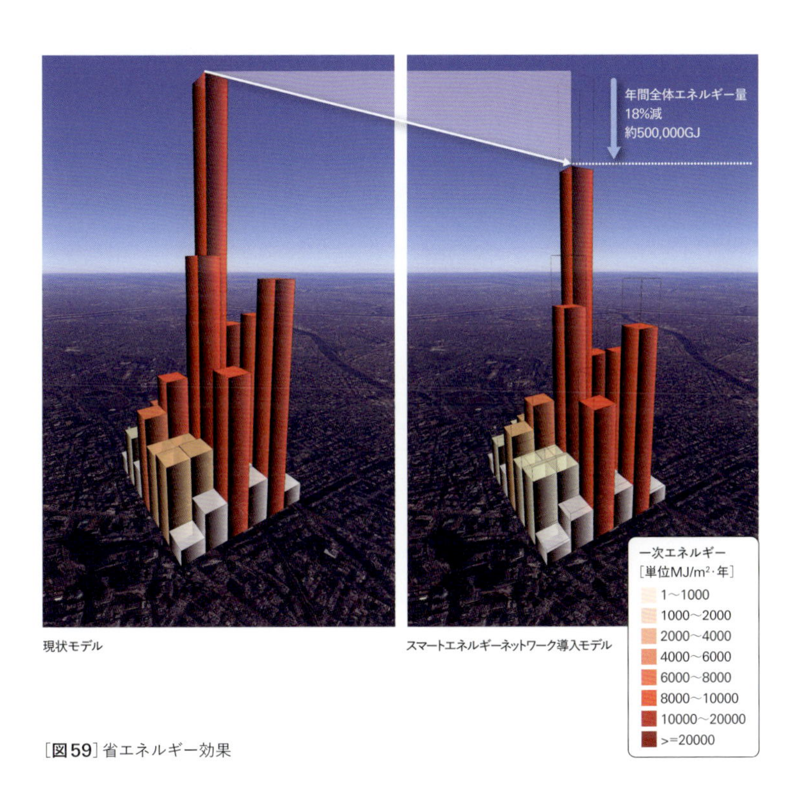

[図59] 省エネルギー効果

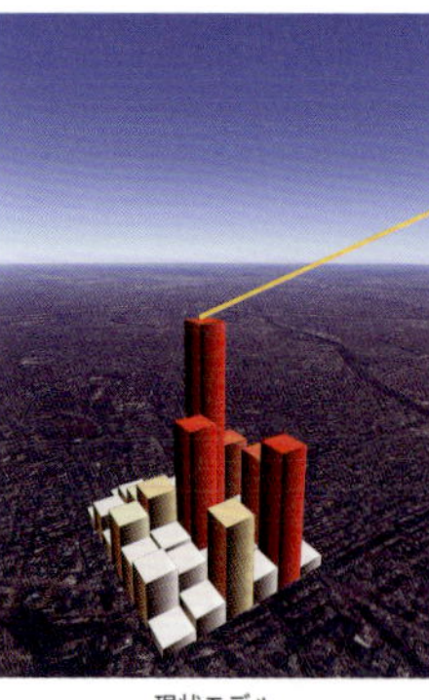

現状モデル
［自立度55%］

7月代表日（平日）
15時想定

スマートエネルギーネットワーク導入モデル
［自立度100%］

〈非常時需要量〉

電力［kW］
1〜100
100〜200
200〜400
400〜600
600〜800
800〜1000
>=1000

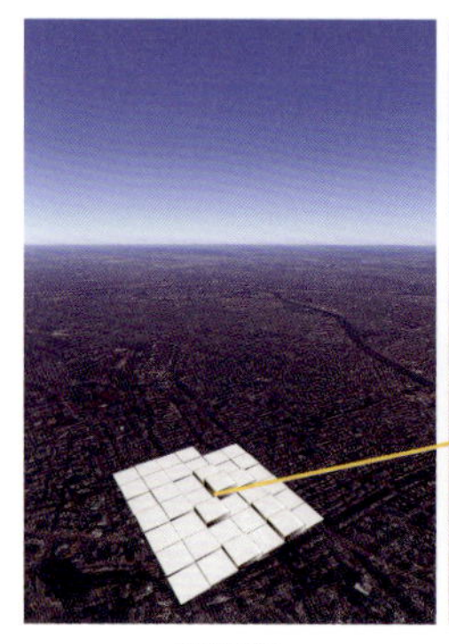

現状モデル
［自立度5%］

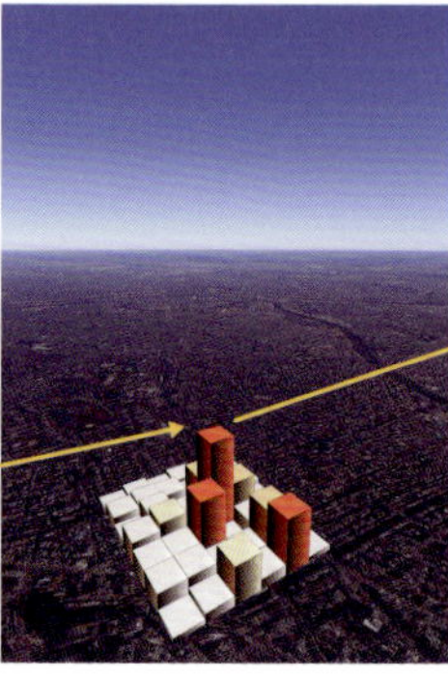

スマートエネルギーネットワーク導入モデル
［自立度39%］

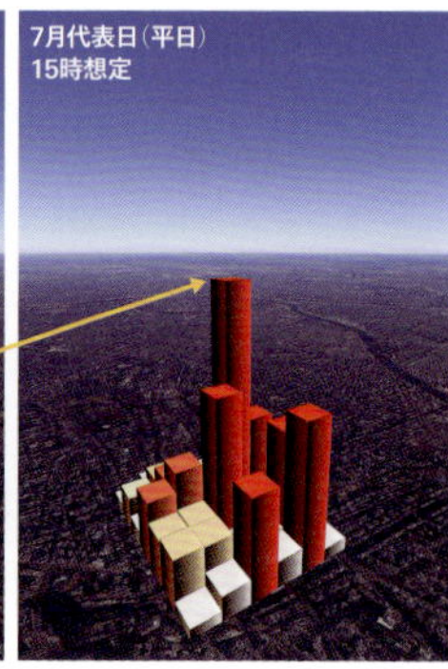

〈非常時需要量〉

熱需要（冷房）［kW］
1〜100
100〜200
200〜400
400〜600
600〜800
800〜1000
1000〜2000
>=2000

［図60］レジリエンスの効果（電力自立度の評価）
［図61］レジリエンスの効果（熱需要〈冷房〉自立度の評価）

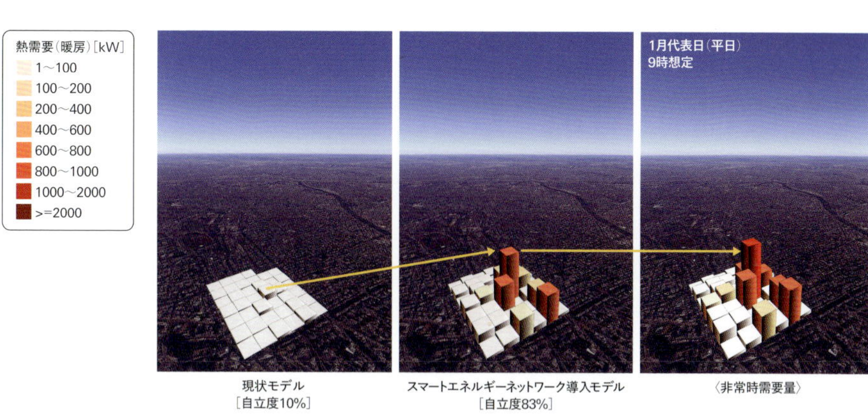

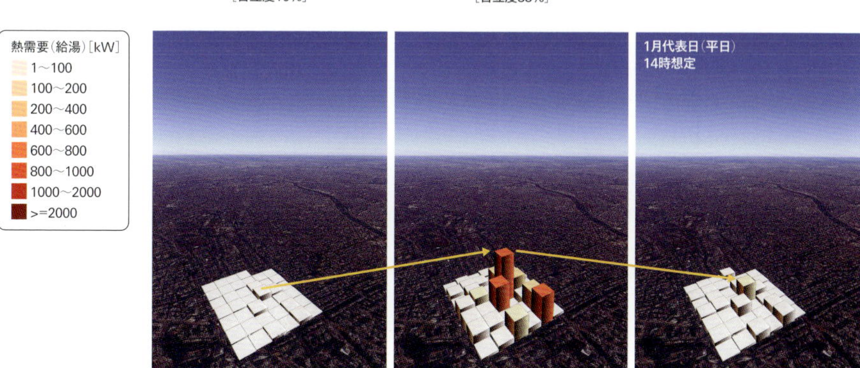

[**図62**] レジリエンスの効果（熱需要〈暖房〉自立度の評価）
[**図63**] レジリエンスの効果（熱需要〈給湯〉自立度の評価）

これからの新たな価値創造

屋内外の位置情報による人流分析の高度化

先述（→p.050〜067）では、携帯GPSデータやWi-Fiデータの概要およびユースケースについて紹介した。一方で、特定エリアに滞在する人の全数を把握することは難しい。携帯GPSデータやWi-Fiデータの取得には、ユーザー側の特定アプリケーションの導入や、Wi-Fi機能をONにして利用する必要などがある。全数推定に際しては、ユーザー側の設定が一定の制約になっている。

全数推定についてより可能性が高いデータとして、携帯基地局データがある（図64）。携帯基地局データは通話機能を確保するためのものであり、携帯電話の電源が入っていればデータが取得される。携帯GPSやWi-Fiに比べて、高い捕捉率となる。一方で、データ取得のエリア単位（解像度）は、携帯基地局の設置密度が数百m〜数kmと大きい。よって、携帯基地局データはマクロでの人流分析に適している。例えば、商業マーケティングの基礎データとして、来訪者の居住地や来訪頻度、個人属性などを把握することなどである。

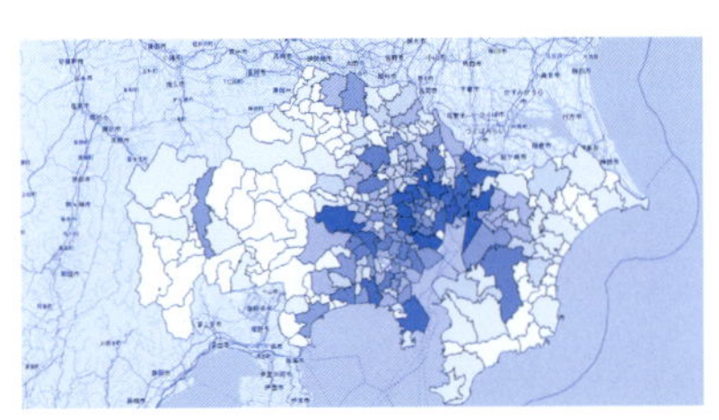

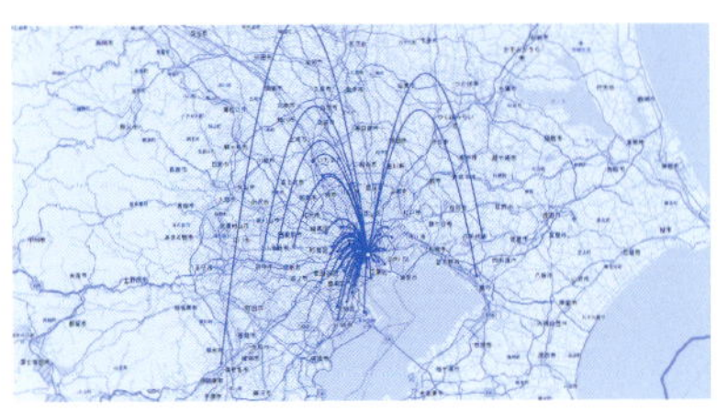

［図64］携帯基地局データの分析イメージ
（上：エリア集計、下：OD集計）（提供資料＝ソフトバンク）

必要なのは、各データの特長を踏まえ、マクロの視点では携帯基地局データ、拠点駅周辺エリアなどのミクロの視点ではWi-Fiデータまたは携帯GPSデータといった使い分けと相互連携である。

◉屋内外測位技術の活用に向けた実証実験

これまでに紹介した人の位置情報データは、基本的には屋内でも測位可能である。しかしながら、現状では、屋内または屋外どちらに滞在しているかの正確な判別や、屋内の鉛直方向（フロア）の滞在状況の判別は難しい。さらに、屋内外をシームレスかつ正確に測位できるツールは普及していない。

そこで、今回、屋外ではGPS測位、屋内ではビーコン測位ができるスマートフォン用のアプリケーションを活用して、日建設計東京ビルにおける社員を対象とした実証実験を実施している（2018年秋）（図65）。実証実験では、屋内外のシームレスな移動の把握や屋内測位精度の検証に加え、今後の社会実装の可能性（活用可能性）、技術的な課題について検討する予定である。

活用イメージの一例を次に示す。

［オフィスにおける屋内外測位技術の活用イメージ］
❶職員別のオフィスやリフレッシュ空間利用動向の把握
❷エレベーターの待ち時間減少・運用最適化検討
❸オフィスレイアウトの最適化検討　等

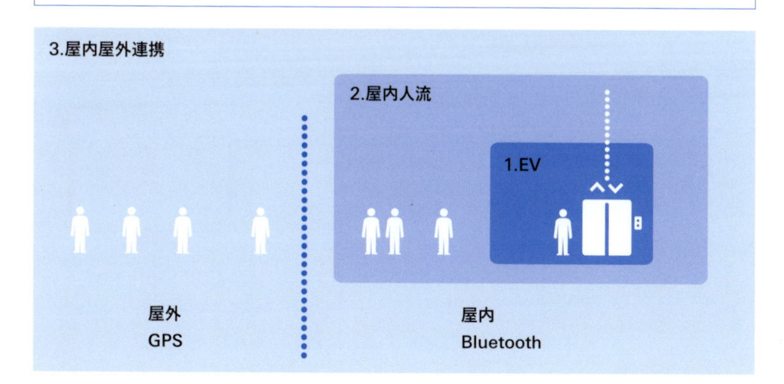

［図65］日建設計東京ビルでの実証実験イメージ

●屋内外人流データを用いた商業マーケティングの高度化

一般的に商業施設では定量的なマーケティング分析を行い、現状課題に対する対策案を検討し、施設の売上増加や利用者の利便向上を目指す。

これまでに紹介した複数データを活用し、屋外と屋内の人流データを相互連携（匿名化した特定の人のデータを紐づけ）できれば、商業マーケティングやテナントマネジメントへの活用可能性は大きいであろう。ここでは、今後の展開例として、大規模商業施設を対象とした場合の集客戦略への屋内外人流データの活用案を紹介する。

具体的には、施設オーナーとして「i）広域人流分析、ii）敷地内人流分析」を、テナントとして「iii）個別テナント行動分析」の3段階を想定した。

この取組みは、施設オーナーによる主導を基本として、各テナントに人流データを提供し、テナントのマーケティング戦略を支援することで、テナント賃料の維持・向上を図ることを狙いとしている。そして、施設オーナーとテナントの両者で、データの分析結果（KPI指標）を見える化し、継続的なモニタリングに活用する予定である（図66）。

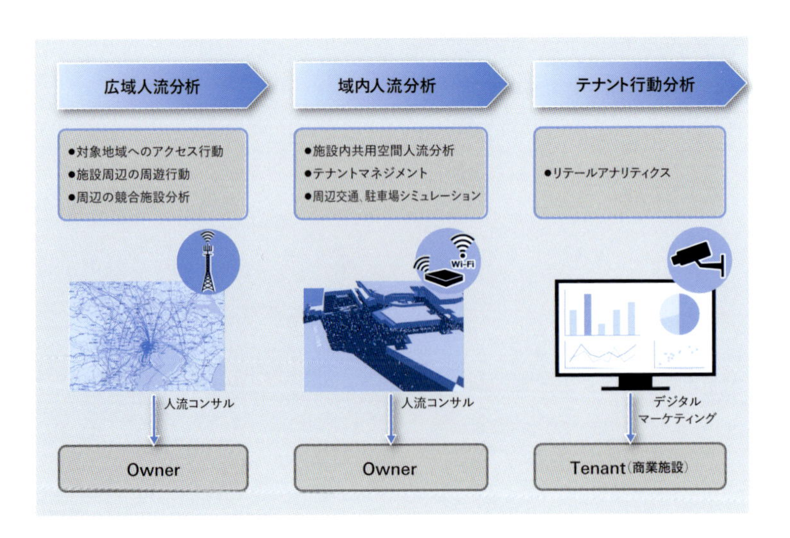

［図66］屋内外人流データの活用・分析イメージ

[広域人流分析] 施設オーナー

対象施設外の広域トリップの人流データを分析する。対象施設へのアクセス手段やルート、施設周辺の周遊行動を明らかにする。競合施設の分析を行う。周辺の渋滞対策検討の基礎データとして活用可能である。

検討の視点	• いつ、どこで、誰が、来訪しているか • どのような交通手段で、その経路は • 周辺の競合施設の動向、観光地特有の季節変動　等
利用データ例	• 携帯基地局データ（携帯GPSデータ） • 参考：交通実態調査結果（利用者インタビュー、交通実態調査）

[敷地内（施設内）人流分析] 施設オーナー

施設内の共用空間（通路、フードコート、EV、トイレなど）の人流データを分析する。混雑度や利用状況を把握し来店者の利便性向上を追求する。テナント属性別の集客状況を把握することで、テナントマネジメントへの活用を行う。駐車場運用高度化の基礎データとしても活用可能である。

検討の視点	• 施設全体での来店時間帯・滞在エリアの平準化 • 待ち時間の発生状況把握
利用データ例	• Wi-Fiデータ、ビーコンデータ • 既存カメラの画像（カメラ画像解析）　等

[個別テナント行動分析] テナント

個別テナントのマーケティングデータを取得し、テナントの販売促進を行う。施設オーナーが提供するデータと総合分析することが有効である。

検討の視点	• リテールアナリティクスKPIの分析・定量把握 （→p.147の商業施設（テナント企業）のKPI参照） • 店舗等の条件、個人属性に応じた購買状況把握（販売促進支援）
利用データ例	• Wi-Fiデータ、ビーコンデータ • 既存カメラの画像（カメラ画像解析） • POSデータ　等

パブリックスペースの価値・評価

◉パブリックスペースの価値

都市のパブリックスペース（広場、街路空間、公開空地、公益施設など）は、都市の市民生活における貴重な場である。

広場をはじめとするパブリックスペースの質を高めることは、来街者や地域住民の満足度を高めるだけでなく、そこが街の回遊の拠点になるなど、街全体への波及効果が大きい。

さらに、街の回遊性が高まると歩行者量が増加する。国土交通省「まちの活性化を測る歩行者量調査のガイドライン」［URL7］によると「まちの経済的な活性化の度合いをより直接に表す小売店舗数や売上高、地価などの指標と地区内における歩行者量とは一定の相関が認められることから、歩行者量は“にぎわい”そのものを表している」とされている。パブリックスペースの質の向上は、街の回遊性を高め、歩行者量の増加を通じて地域活性化に寄与する仕組みといえよう。

都市内の歩行者通行量の増加と賃料指数の推移を分析した研究例を図67に示す。

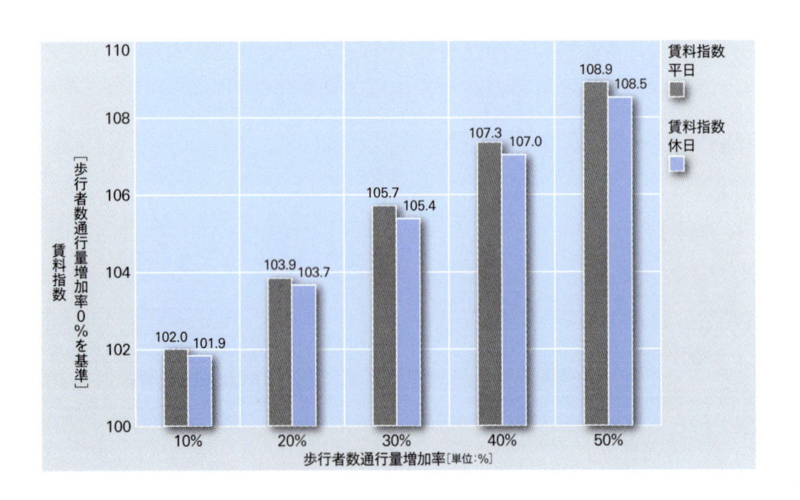

［**図67**］歩行者通行量の増加に伴う賃料指数の推移
出典：［文献5］より作成

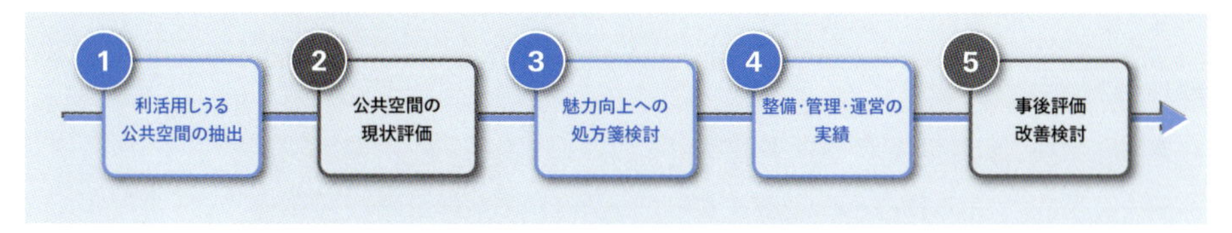

[**図68**] パブリックスペースの利活用によるまちなか再生の流れ（左記脚注*5をもとに編集・作成）

◉ パブリックスペースの評価（ICTを活用した行動調査）

5：PPR（Potential Public Resource）公共空間利活用によるまちなか再生手法、2017年、日建設計総合研究所、http://www.nikken-ri.com/idea/inv/08.html

国内外の都市において、パブリックスペースや遊休資産の利活用に向けた取組みが行われている。そして、アプローチやデザイン手法などについて一定の方向性が提案されている*5。ここでは、図68に示すアプローチの②と⑤に着目し、調査手法の高度化として人手計測からICTを活用した自動計測への転換を提案する。

国土交通省国土技術政策総合研究所では、パブリックスペースの代表例である広場に関し、次頁に示す、多様な活動を把握するため四つの代表的な観察的手法[文献6]を示している。本手法は統計的な結論を得るためではなく、広場で発生するさまざまな現象を詳細に捉え、わかりやすく可視化することを主な目的としている。

一方、これらの調査は、ICTを活用した自動計測への転換により24時間365日のデータ取得が可能となる。上述の四つの代表的な観察的手法における着眼点（❶行動の多様性、❷利用者数、❸利用者属性、❹周辺との関係）を対象に、適用可能な方法論を以下に提案する。今後、ICTを活用した調査手法により、評価の高度化と大幅な省力化が期待される。

[ICTを活用した自動計測への転換（例）]

❶行動の多様性に関して

▶［カメラ画像］により広場内でどのような行動が、どこで行われているのかを把握

❷利用者数に関して

▶［カメラ画像］により広場における時々刻々での滞在人数の把握、比較的小規模な広場での動線把握

▶［携帯GPS・Wi-Fi・ビーコンデータ］により大規模広場での動線を把握

❸利用者の属性に関して

▶［カメラ画像］による属性把握（全数）

▶［携帯GPS・Wi-Fi・ビーコンデータ］による属性把握（サンプル）

❹周辺との関係に関して

▶（特定エリア内）［携帯GPS・Wi-Fi・ビーコンデータ］による回遊行動の把握、カメラ画像による行動把握

▶（特定エリア間）［携帯基地局データ］によるエリア滞在者の把握

［**スタティック・ログ：滞留行動の定点観測調査**］

行動の多様性に関して
長時間滞留している人はどういった活動をしているか?

利用者数に関して
広場内ではどの場所（座席）の利用が多いか? 少ないか?

利用者の多様性に関して
時間帯に応じて利用者の属性はどのように変化するか?

周辺との関係に関して
近隣の店舗で買ったものを広場で飲食・利用しているか?

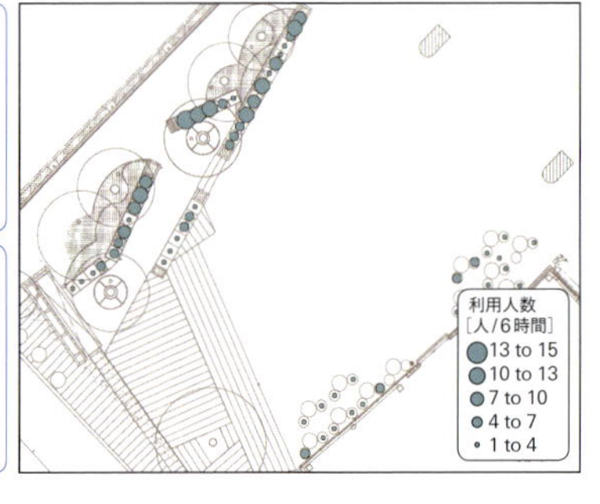

広場内で見られる滞留行動の発生状況・行動の様子を、継続的に観察・記録し、一定時間内の滞留者数、滞留時間や活動の発生量を明らかにする。

［**スナップショット：滞留者分布の観察調査**］

行動の多様性に関して
どんな行動が広場内のどこで起こっているか?

利用者数に関して
広場の大きさに対して、十分な人が訪れているか?

利用者の多様性に関して
子供から高齢者まで多様な年齢の人が訪れているか?

周辺との関係に関して
近隣の店舗と連携した使われ方をしているか?

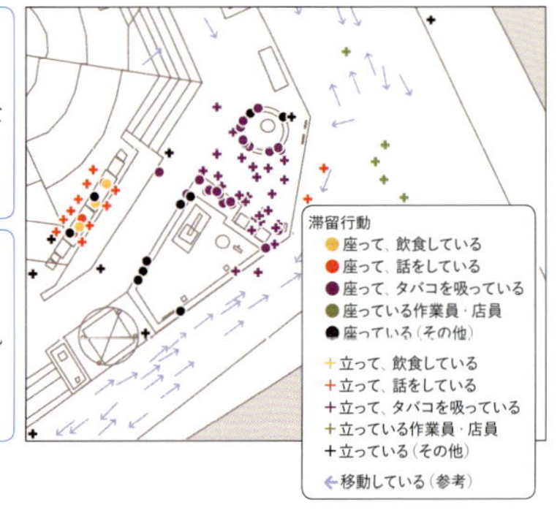

どの場所で、どんな属性の人が、どんな行動をしているのか、瞬間的な滞留行動の分布状況を図面上に詳細に記録する。

[トレース：移動軌跡の観察調査]

行動の多様性に関して
広場を通過する人は、広場内の景色・店舗を楽しんでいるか？

利用者数に関して
広場の動線と滞留空間の位置関係は適切か？利用しやすいか？

周辺との関係に関して
広場利用後に周辺店舗に立ち寄っているか？

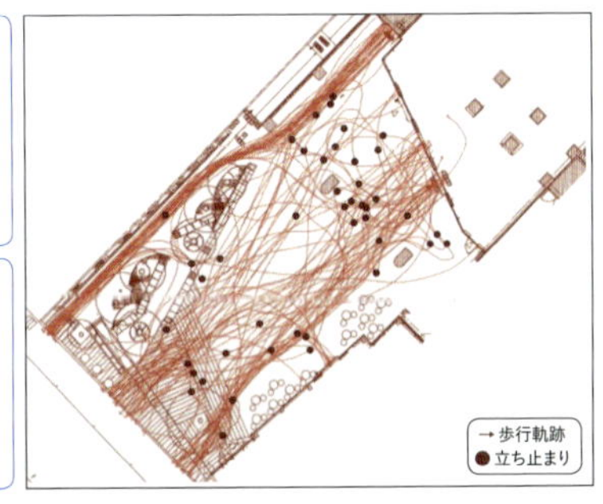

広場内や街なかでの歩行者行動の観察調査を行うことにより、歩行者の歩行軌跡・立ち止まり行動を記録する。

[ゲートカウント：歩行者通行量のサンプリング調査]

行動の多様性に関して
どんな行動が広場内のどこで起こっているか？

利用者数に関して
広場周辺にはどういった属性（年齢・性別）の人が多いか？

利用者の多様性に関して
広場周辺にはどれほどの人通りがあるか？

周辺との関係に関して
広場周辺は他のエリアと比較して人踊りが多いエリアか？

人通り量（人/時間）
1,500 to 2,000
1,000 to 1,500
600 to 1,000
400 to 600
200 to 400
100 to 200
50 to 100
0 to 50

数分間のサンプリング的な人通り量のカウントによって、街なかの多地点において人通り量のデータを収集し、局所的な歩行者の粗密を可視化する。

にぎわうまちづくりに貢献する次世代都市インフラの創造

近年、都市のパブリックスペースのにぎわいやアクティビティの創出に貢献し、新たな価値を提供する都市インフラの社会実装が海外で進められている。たとえばニューヨークでは先述（→p.020）のとおり、既設の公衆電話が先進情報端末（LinkNYC）へとリプレイスされている。パリではシャンゼリゼ通りにおいて、Wi-Fiと休息スペースが一体となったWi-Fiステーションが整備されている。オーストリアでは公衆電話ボックスに電気自動車の充電スタンドを併設する取組みも進んでいる。このように、従来の都市施設に対して、ICTを活用することで機能の刷新や創造的機能を実装し、さまざまな体験価値を提供する都市インフラの整備が進められている。

わが国でも、ライフスタイルや価値観が多様化し、それを受け止め、順応していくための都市機能の刷新が必要である。超情報化社会の到来とともに、パブリックスペースにおいても、ワークスタイルやコミュニケーション、観光行動や移動などを高度に支援する都市インフラが必要であろう。そして、その社会実装は、来街者・利用者の利便性向上とともに、管理者のマネジメントの高度化にも寄与するものでなくてはならない。

今後は、都市施設とICTの融合を図り、新しいエリアマネジメントの一環として、都市のパブリックスペースのにぎわいやアクティビティ、新たな価値提供を支援する次世代都市インフラの創造を推進したい。

［図69］ICTを活用した次世代都市インフラのイメージ

［**図70**］都市のパブリックスペースのにぎわいやアクティビティのイメージ
出典：渋谷駅街区共同ビル事業者

[文献1] 一般社団法人日本サステナブル建築協会、非住宅建築物の環境関連データベース(DECC)、2010.12
[文献2] 2009年版家庭用エネルギーハンドブック、住環境計画研究所、2009.2
[文献3] 空気調和・衛生工学会「都市ガスによるコージェネレーションシステム計画・設計と評価」、日本工業出版　日本エネルギー学会編「天然ガスコージェネレーション　計画・設計マニュアル2002」
[文献4] 一般社団法人日本サステナブル建築協会「スマートエネルギータウン調査報告書」、2012.3
[文献5] 小松広明・谷和也「歩行者通行量と店舗賃料に関する実証的研究—福岡市天神地区におけるスタディー」、2013年、(一財)日本不動産研究所「不動産研究」第55巻第4号、pp.48-57
[文献6]「広場づくりのコツ、あります。」〜新たなまちづくりの担い手のための広場づくりの手引き(案)〜、2017(平成29)年6月、国土交通省国土技術政策総合研究所

[URL1] 総務省位置情報プライバシーレポート
http://www.soumu.go.jp/main_content/000434727.pdf
[URL2] http://www.iwasakinet.co.jp/product/measure/eco-counter/zelt-inductive-loop/index.html
[URL3] かこナビ https://www.sonicweb-asp.jp/kakogawamap?theme=th_68#scale=7500
[URL4] https://www.fiware.org/
[URL5] https://jpn.nec.com/press/201802/20180227_04.html
[URL6] https://opendata-api-kakogawa.jp/odp/
[URL7] http://www.mlit.go.jp/common/001240625.pdf

ここでは、ICTエリアマネジメントの今後の方向性として、都市の変容の方向性、ICTエリアマネジメントの基本構想、KPIの設定例とマネタイズスキーム、必要とするデータレイヤーとダッシュボード、持続成長可能な都市に向けての視点について提案する。

Part III.
ICTエリアマネジメントの今後の方向性

未来都市を示唆する情報技術論

アメリカの未来学者レイ・カーツワイル*1は、標準的なコンピュータ（10万円程度）を対象に「2029年頃には人間の脳のシミュレートを可能とし、2045年頃には今日の人間のすべての知能の約10億倍強力になる」と予測する。「シンギュラリティ*2（技術的特異点）」という概念の提唱者として知られるカーツワイルは、2045年頃をシンギュラリティとみなし、「人間の能力が根底から覆り変容する抜本的な変化」が起こりうるとする。その著書『ポスト・ヒューマン誕生――コンピュータが人類の知性を超えるとき――』［文献1］には、「テクノロジーの進化」や「人間の脳のコンピューティング能力」から「人体の進化」、「人間および情報の寿命」についてまで、興味深い未来像が述べられ、日本でも多くの読者を得ている。

1：Rey Kurzweil（1948～米）人工知能に関する世界的権威、フューチャリスト

2：Singularity

一方、同じく未来学者のジェレミー・リフキン*3は、社会変革の観点により、市場資本主義から協働型コモンズによる共有型経済（シェアリングエコノミー）への転換をあげる［文献2］。将来、IoT（モノのインターネット）が知的インフラとして、「コミュニケーション」「再生可能エネルギー」「輸送・物流」の三つのネットワークをつなげ、単一の稼働システムとして協働する。そして、効率性と生産性が極限まで高まり、モノやサービスを1単位追加で生み出すコスト（限界費用）は、限りなくゼロに近づく。その結果、モノやサービスは限りなく無料となって、企業の利益が消失し市場資本主義が衰退する。その代わり人々が協働でモノやサービスを生産・共有・管理する共有型経済社会が生まれ、主流になっていくだろうという未来展望を示している。

3：Jeremy Rifkin（1945～米）経済理論、未来学研究者

雑誌Wired（ワイアード／1993年にアメリカで創刊）の編集長を経験し、現在ウェブサイトCool Toolsの運営に携わるケヴィン・ケリー*4は、今後30年間に不可避なライフスタイルの方向性として、次の10項目を上げている［文献3］。

4：Kevin Kelly（1952～米）『ワイアード』創刊編集長、サイバーカルチャーの論客

［The Inevitableにおける不可避な方向性］ ＊（　）内は筆者による。

❶ Cognifying（AIによる認知化）

❷ Flowing（多様な情報のコピー化）

❸ Screening（すべての情報の画面認識化）

❹ Accessing（所有権からアクセス権へ）

❺ Sharing（共有と協働化）

❻ Filtering（膨大な情報からの選別の必要性）

❼ Remixing（コンテンツの再編化）

❽ Interacting（VR等を介したコミュニケーションの高度化）

❾ Tracking（追跡・ライフログの一般化）

❿ Questioning（知識獲得後の新たな疑問の高度化）

上記の三者それぞれの代表作は、いずれも情報技術の観点から書きあげられた将来展望である。変化・多様化し続ける将来の都市像をイメージするうえで、示唆に富んでいる。

都市はどのように変容するのか

国際連合*5によると、世界全体で2014年に約72億人だった人口が、2050年には約96億人に増加すると予測されている。また、都市部への人口集中が進み、2014年の全人口比54%に対し2050年には66%に達するという。人口増加および都市部への人口集中が顕著なのは開発途上国であるが、先進国でも予測されている。

5 : World Urbanization Prospects 2014 revision, United Nations

わが国ではどうか。国立社会保障・人口問題研究所の調査によると、日本の将来推計人口は、2015年の1億2,709万人に対し、2050年では1億607万人と減少が予測されている。ただし、代表的な都市部である東京23区内の19区や、大阪市、名古屋市など（他の政令市も含む）の一部の区では継続した人口増加が見込まれている。

都市部の人口集積や土地利用のさらなる高度化にあわせ、ICTの進展によって人々のライフスタイルは変化するだろう。その一方で、ハードとしての都市施設の構成要素は大きく変化しないはずである。情報技術の飛躍的進展により、むしろ都市施設の運用・利用形態が大きく変化する。

社会、経済、環境、安全・安心の観点から、それぞれに想定される方向（例）を次にあげる。

［**社会面で想定されること**］
- VR会議などの進展によるオフィス空間の減少
- オンライン購買革新による店舗の減少
- 自動運転車のシェアリング普及による自動車台数と駐車場の減少
- 通勤トリップが減少する反面、自由目的トリップの増加
- 翻訳とナビ機能の革新によるインバウンド観光の促進　ほか

［経済面で想定されること］

- センサーとAIを活用した信号処理の高度化による渋滞の経済損失の軽減
- BIM*6推進のデジタルシティ化による利用者の効率化と固定資産評価の高度化
- ディマンドレスポンスの高度化による交通流と運賃の最適化　ほか

6：Building Information Modeling

［環境面で想定されること］

- 全施設のエネルギー使用量のモニタリング・予測による使用量の最小化と再生可能エネルギー利用の最大化
- 人工衛星を活用した都市緑化とヒートアイランドの詳細管理　ほか

［安全・安心面で想定されること］

- 天候・災害予測の高度化と防災
- 個人情報（許諾済）を活用した避難支援と防犯の高度化　ほか

一方で、ICTの進展は、都市空間とその運用・利用状況を、情報空間上でデータとして再生するデジタルシティを構築するだろう。都市のモニタリングや課題解決策の検討はデジタルシティで実施され、実際の都市マネジメントに反映される。データ利活用型都市マネジメントが、都市のインフラとして定着するのである。

今から何をしておくべきなのか

現在は、ICTを活用した都市マネジメントの黎明期に当たる。それを実現する情報技術シーズは存在するが、それらの技術は点在しており、高度化の速度も早ければ陳腐化するのも早く、体系的に活用しきれていないのが現状である。今後もこうした傾向は続き、さらに加速化すると思われる。

社会工学の観点からすれば、個別技術の進化は受容しながら、それらをうまく使いこなすことこそが大命題である。そこで、個別の技術進化を包含したうえで、社会制度的に必要なポイントを整理してみよう。

ICTを活用した良質な都市マネジメントの実現に不可欠なのは、次の3項目である。

❶ 情報技術の進展と都市変容の方向性を踏まえ、社会的改善と早期実行性を発揮する具体的対象領域（→p.035図19）を設定。
❷ ICTを活用した都市マネジメントの成功モデルが空間的に水平展開（全国展開）でき、かつ技術的な高度化が容易にできるようにするため、産官学が協働するプラットフォーム・制度設計が重要。
❸ 都市マネジメントはスケール別に主体・目的・管理領域が異なるため（→p.045図28）、生活者=利用者（受益者）へのサービスが連続するよう、相互のデータ連携が可能な仕組みづくりをしておくこと。

上記を踏まえ、さらに現時点から取組みたいことがらを次にまとめる。

❶ オープンデータの推進：行政データを中心にオープン化・API*7化
❷ 都市情報プラットフォームの統合化：基盤ソフトウェアの確立・互換性の確保
❸ BIM/CIM*8の入力必須項目の特定化：マネジメントに資するLOD*9の規定
❹ 行政データの使用権付与：公益に資する特定のエリアマネジメント組織などへ

7：Application Programming Interface

8：Construction Information Modeling/Management

9：Level of Detail

付与する仕組みの構築
❺ 人工衛星データのオープン化と利活用の緩和
❻ GPS・カメラ・Wi-Fiなどの人流データの高度利活用推進

技術と制度面からの取組みに加え、ICTを活用した都市マネジメントを有効な都市経営インフラとして発展・定着させるには、産官学協働の推進体制の構築が必要である。その体制案を図1に示す。データ利活用型の都市マネジメントを推進するため、大学・研究機関、データホルダー、都市計画実務家が協業し、持続可能なビジネスモデルを構築するとともに、社会政策との適切な連動を図るよう、行政と緊密に連携する推進体制が有効であると思われる。

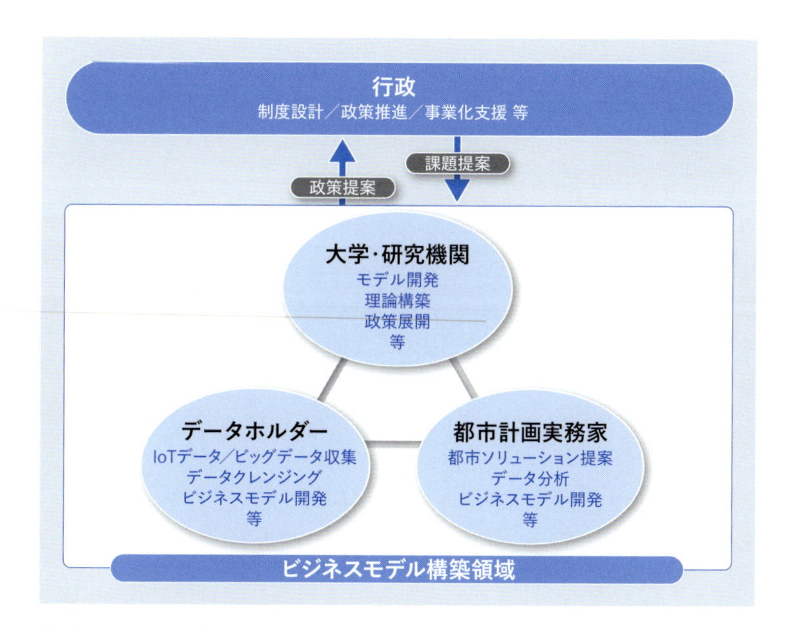

［**図1**］データ利活用型都市マネジメントの協働推進体制（案）

ICTエリアマネジメントに向けた基本構想

基本的な枠組み

ICTエリアマネジメントは、具体的な対象エリアとして次の四つの案を示している（→p.037図21）。いずれも、そのエリアの持続的成長を目的としたエリアマネジメント組織、またはそれに準ずる管理主体が存在することを前提としている。

❶ **主要交通結節点における駅周辺の一定エリア（駅から半径500m以内）**
都市の顔となるエリア。その地域の拠点であることから、多様な事業主体が存在し、利害が対立するエリアでもある。にぎわい・安全・安心の向上は、根幹となる共通事項であることから、データマネジメントをかすがいとみなし取り組む意義は大きい。

❷ **地域の主要な施設（オフィス・集客施設など）が存在するエリア**
港湾地区やブラウンフィールド（工場跡地など）、学校跡地の用途転換などの再開発地区。当該エリアの特性は鉄道駅から多少離れてはいるものの、地域の主要な施設（オフィス・集客施設など）が存在し、上記❶と同様の特性を持つ。

❸ **地域熱供給（地域冷暖房）事業など、複数建築物に電力・温水・蒸気・冷水を供給しているエリア**
❶❷と重なるが、ライフラインを共有するエリアであり、運命共同体の観点からは、団結して取り組むポテンシャルは高いといえよう。

❹ **数ヘクタールの大規模開発エリア（主に単一事業者が主体）**
単一事業者が運営する都心部の複合施設（オフィス・商業・住宅など）や郊外のテーマパーク・アウトレット施設が該当する。この場合は、単一事業者が管理主体のため、管理方針を含め、比較的推進しやすいエリアといえよう。

ICTエリアマネジメントは、これらのエリアを対象とし、持続的成長を目的とした都市経営情報プラットフォーム（データベース）を構築する。そして、このプラットフォームの運用は、専門的な事項の外部委託を含むが、基本的にエリアマネジメント組織などの管理主体が担うことが望ましい（図2）。

大切なのは、当該エリアの特性（オフィス中心、商業中心、住宅中心など）を踏まえた適切なKPI（重要業績評価指標）の設定である。日々のモニタリングのデータの洪水に溺れないよう、一定の良質な仮説に基づき事前にデータを分析しておき、基軸となるエリアの重要指標を選定しておくことである。ただし、運用にともない意味のある指標が見出された場合は、適宜KPIの追加・見直しを行う。

以上が揃うことにより、ICTを活用した都市マネジメント、すなわちICTエリアマネジメントのPDCAサイクルが稼働する。そして、エリアの持続的成長・バリューアップを目的とした運営管理、マーケティング、エネルギーマネジメント、都市特性把握（社会・経済、環境特性、将来動向など）、BCP／DCPの推進などの個別施策の高度化が可能となる。

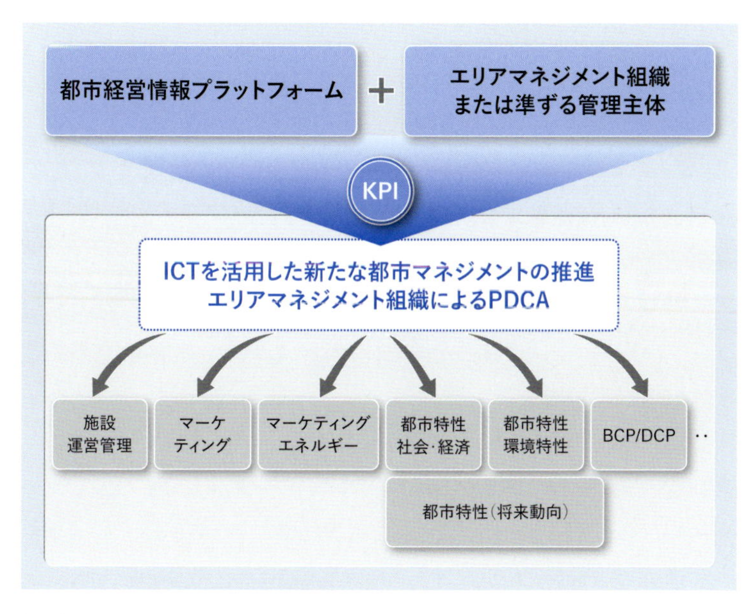

［図2］ICTエリアマネジメントの基本的枠組み

3段階のデータ階層が必須

ICTエリアマネジメントによるPDCAサイクルを回すためには、まず当該エリアのKPIに係るデータベースとして、都市経営情報プラットフォームを構築する必要がある。

これまでの経験から、各種の利活用可能なデータの特性を踏まえると、大きく3段階のデータ階層が必要であると考えられる。図3に、ICTエリアマネジメントの主目的であるデータ利活用型のエリアマネジメントやKPI管理型PDCAサイクルの実行、新規サービスモデルの開発を支援するために必要なデータ階層を整理した。

第1段階は、ICTエリアマネジメントの基盤・根幹となるデータセットであり、都市情報プラットフォーム（メタデータベース）である。具体的には、図中に記したように主に5項目。実質、これらが整わないとICTエリアマネジメントは始まらない。

第2段階は、管理対象とするエリア内で取得できる情報である。先の❹の大規模開発エリアを例とすると、図にあげた6項目のデータベース化などを整備しておく必要がある。

第3段階は、先のPartIIで紹介したような先進都市情報の活用である。具体的には、携帯GPS位置情報、Wi-Fiログ、カメラ・センサー情報、SNSデータ、人工衛星データなどを加工・分析し、来訪者の広域人流の把握から類似の他施設利用の状況の把握、ブランドイメージの把握、環境／気象／物流／交通情報などをデータベース化しておく。

エリアのKPIを踏まえ、適切に活用できる時間集計かつリアルタイムに近いかたちでデータが届く体制を構築しておくこと、また、対象エリアの特性を踏まえ個々に調整する必要がある。

なお、第1段階のデータは、年次ごとのストックデータが主体であるが、第2段階、第3段階では、時系列的なフローデータが入ってくる。フローデータについては、施設特性ならびに管理特性などを踏まえつつ、適切な集計単位（分／時間／日集計データ、空間集計規模など）を見きわめ、加工・集計する必要があることを付記しておく。

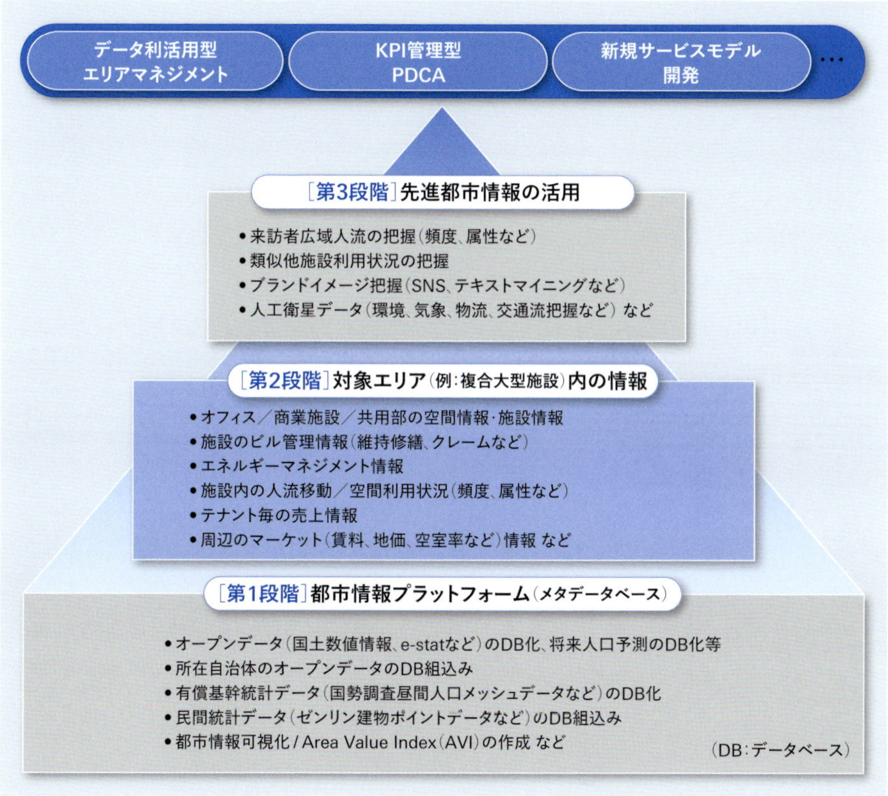

データ利活用型
エリアマネジメント

KPI管理型
PDCA

新規サービスモデル
開発

…

[第3段階]先進都市情報の活用

- 来訪者広域人流の把握(頻度、属性など)
- 類似他施設利用状況の把握
- ブランドイメージ把握(SNS、テキストマイニングなど)
- 人工衛星データ(環境、気象、物流、交通流把握など) など

[第2段階]対象エリア(例:複合大型施設)内の情報

- オフィス/商業施設/共用部の空間情報·施設情報
- 施設のビル管理情報(維持修繕、クレームなど)
- エネルギーマネジメント情報
- 施設内の人流移動/空間利用状況(頻度、属性など)
- テナント毎の売上情報
- 周辺のマーケット(賃料、地価、空室率など)情報 など

[第1段階]都市情報プラットフォーム(メタデータベース)

- オープンデータ(国土数値情報、e-statなど)のDB化、将来人口予測のDB化等
- 所在自治体のオープンデータのDB組込み
- 有償基幹統計データ(国勢調査昼間人口メッシュデータなど)のDB化
- 民間統計データ(ゼンリン建物ポイントデータなど)のDB組込み
- 都市情報可視化 / Area Value Index(AVI)の作成 など

(DB:データベース)

[**図3**] ICTエリアマネジメントに必要な都市経営情報プラットフォームのデータ階層

KPI：五つの着眼点

ICTエリアマネジメントの対象エリアが確定し、都市経営情報プラットフォームのデータベースが揃い、エリア特性を踏まえたKPIを設定することができれば、PDCAサイクルを稼働させることができる。

一例として、先に示した❹数ヘクタールの大規模開発エリアを想定した場合のKPIの考え方を図4に示す。ここでは、基本的にKPIは五つの着眼点（5象限）で設定する。

まず、施設の管理者側の観点から、①エリアマネジメント組織などの収益向上を目的としたオフェンス系KPIの「経営管理」、次に②コストカット・リスク管理を目的としたディフェンス系KPIの「施設管理」、③大規模開発による周辺環境影響と社会的外部効果を把握するKPIの「環境・地域貢献」、④開発エリアの周辺特性の社会環境変化を把握するKPIの「外的要因」があげられよう。さらに、最も大事なエリア利用者の観点からのKPIとして、⑤「市民・利用者QOL向上」が必要となる。

それぞれの具体例を図中に記した。

以上、ICTエリアマネジメントのKPIの五つの着眼点を踏まえ、各指標の変化量・変化率をモニタリングすることにより、リスク管理や新規サービスモデルの開発、中長期的な改善計画策定、エリアの持続的成長が可能となる。

いずれにせよ、都市施設は一度整備されると、その施設・空間の徹底的な利活用が必要となる。そして、そのバリューを末永く維持・向上させていくことが責務となる。既存ならびに形成した社会的ストックの最適な利活用・運用に向けて、ICTエリアマネジメントは有益な取組みになると考えている。

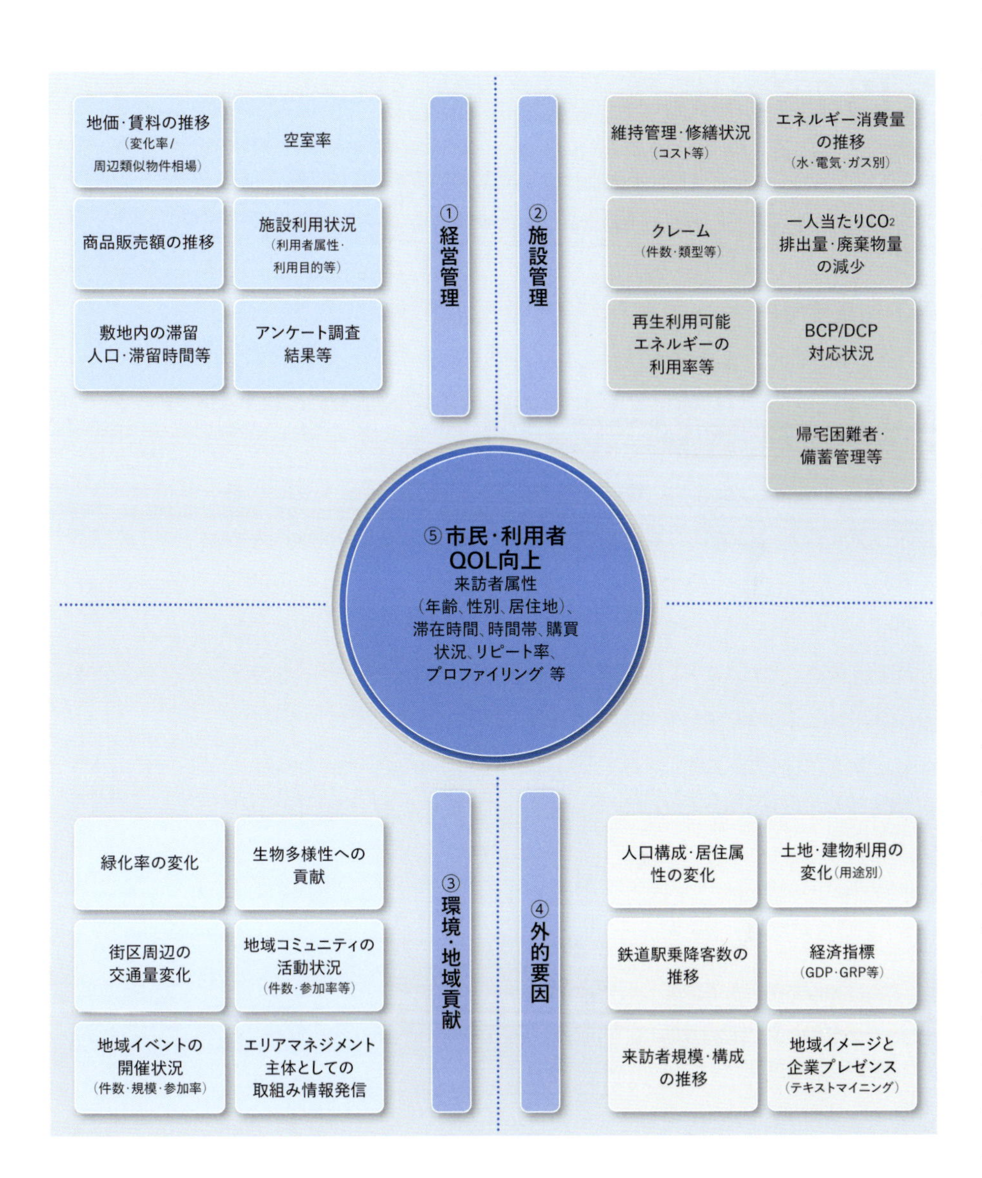

［**図4**］ICTエリアマネジメントのKPI：五つの着眼点（5象限）

KPIをどのように設定するのか

基本的な考え方

KPIは、主に企業経営で活用されている指標であり、「重要業績評価指標」や「重要業績管理指標」を意味する。これをエリアの管理に援用するのが、エリアマネジメントのポイントである。

広義な考え方としてKPIは、❶目標指標（KGI*[10]）を示す「成果KPI」、❷目標達成のための中間的な管理指標を示す「プロセスKPI」を指すことがあるが、本書で取り扱うKPIは❷の方とする。

10 : Key Goal Indicator

図5に示すとおり、KPIを活用したマネジメントは、達成すべき目標指標（KGI）を明確にしたうえで、目標達成の重要成功要因（KSF*[11]）を見きわめ、目標達成のために何を高めるべきか、どのような活動を強化するべきかを規定する管理指標（KPI）を設定する。そして運営・経営管理していく。

11 : Key Success Factor

本書ではKPIを「プロセスKPI」と捉えている。良い成果は良いプロセス

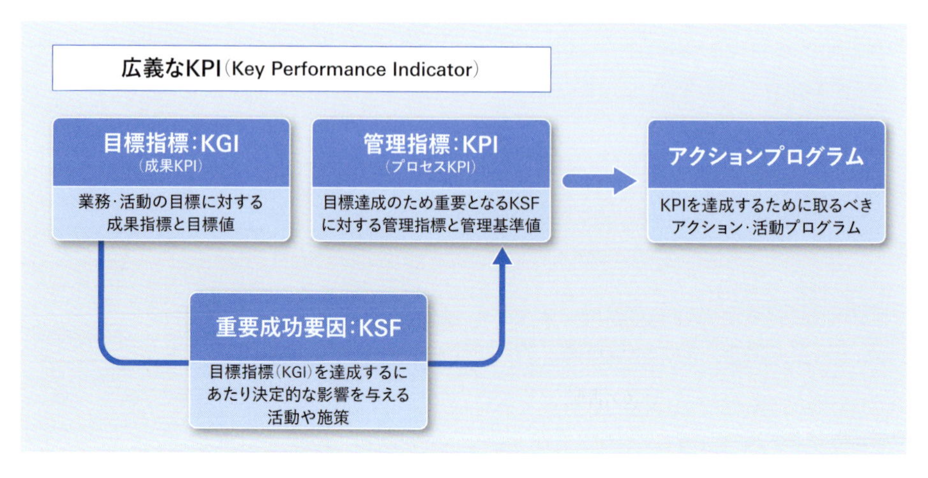

［図5］KPIマネジメントの主な構成要素

や活動から生まれ、成果を出すために管理すべきなのはプロセスや活動そのものであると考えるからである。

KPI設定の意義

ICTエリアマネジメントでは、エリアマネジメント組織またはそれに準ずる管理主体の存在が前提となる。まず、わが国のエリアマネジメントの直近の動向を整理してみよう。

［わが国のエリアマネジメントの取組み］

近年、民間が主体となってにぎわいの創出、公共空間の利活用など、地域の価値を向上させるためのエリアマネジメント活動が拡大する傾向にある。多岐にわたるエリアマネジメント活動の中でも、にぎわい創出などを通じてエリアの「稼ぐ力」を高め、地域再生の実現に寄与する活動がある。当然ながら、こうした活動の促進が求められる。

ところで、エリアマネジメント組織の収入源は何か。自治体からの補助金・委託金、会員からの会費、イベントの開催などによる自主財源などがある。ただし、多くの組織において財源不足が課題とされていることも事実であり、エリアマネジメント活動を促進するには、財源の安定的な確保が命題であるといえる。

特に、エリアマネジメント活動による利益を享受しつつも、活動費用を負担しないフリーライダーの問題は大きい。従来のエリアマネジメントは、主として民間組織による自主的な取組みであったため、民間組織がフリーライダーから強制的に徴収を行うことは困難であった。

Part1で記載（→p. 040）したとおり、わが国の政府は、海外のBID（ビジネス改善地区）の事例などを参考にエリマネジメントの推進に取り組んでいる。例えば、3分の2以上の事業者の同意を要件として、市町村がエリアマネジメント組織の活動費用を、受益の限度内で活動区域内の受益者（事業者）から徴収し、エリアマネジメント組織に交付する官民連携の制度（地域再生エリアマネジメント負担金制度）を創設（図6）し、地域再生に資するエリアマネジメント活動を支援・推進している。

[KPIによる定量的な経営管理および効果の見える化]

ICTエリアマネジメント活動を適切にKPI管理する意義は、収益の最大化と受益負担の公平性にあるといえる。

まず、収益の最大化についてはどうか。エリアのにぎわい向上などを目的に設立されるエリアマネジメント組織の活動は、単発ではない。10年後、20年後も社会経済的変化を受容しながら、にぎわいの維持・向上が続くよ

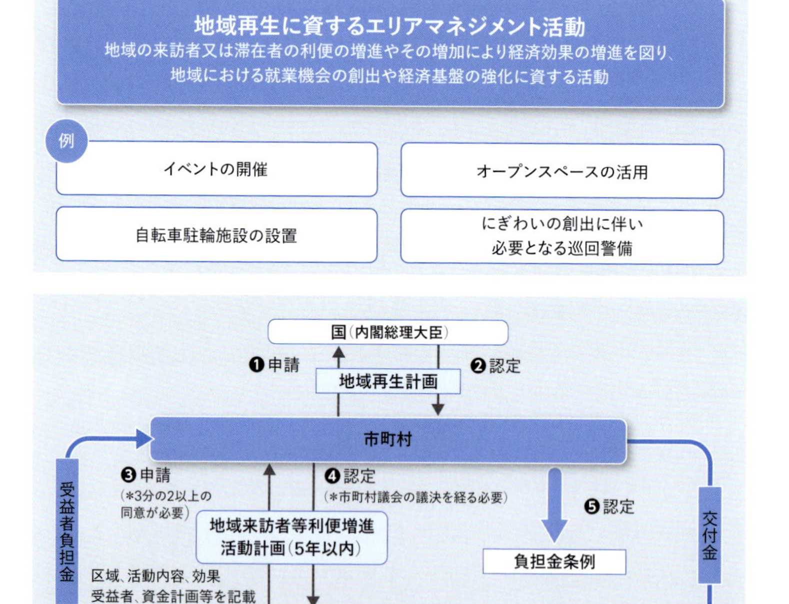

[図0] 地域再生エリアマネジメント負担金制度の概要
出典|内閣官房まち・ひと・しごと創生本部事務局|をもとに編集

う機能することが求められる。そのため、エリア経営は主要なKPI（その時流に応じて一部見直す）を設定し、組織としてにぎわい向上活動の効果および達成状況を、データをもとに定量的に把握・管理し、定期的なモニタリングを通じたPDCAサイクルを行うことが重要となる。

一方、受益負担の公平性についてはどうだろう。上記の地域再生エリアマネジメント負担金制度は、「ある事業により利益を受ける者から、その利益の限度において負担金を徴収する」制度を採用している。したがって、データをもとに定量的に評価しておくことが、公平で継続的な組織運営にとって重要となる。

上記以外にも、エリアマネジメント活動について、ICTを活用したデータに基づく定量的かつ客観的な見える化は、その経営管理に必須となっていくものと考える。

KPI設定の考え方

KPIの具体的な設定方法については、一般的に次の「SMART」に着目した設定要件があげられる。

S：Specific――具体的であること
M：Measurable――測定可能であること
A：Achievable――達成可能であること
R：Relevant――関連性があること
T：Timely――時間軸があること

さらに、本書で対象とするICTエリアマネジメントのKPI設定にあたっては、次のことがらについても配慮する。

- KPI設定の前提として、目指すべき目標指標（KGI）を明確にしておく。
- KPI運用主体（KPI設定対象者）や対象領域（エリアなのか、個別建物なのか、建物の場合はどのような建物用途か）によっても設定すべきKGI（とKPI）が異なる。
- PDCAサイクルに活用するため、データとして測定可能であり継続的な計測に意味がある指標を設定する。

KPIの設定例

目標指標（KGI）の設定

KPIの設定に進む前に、ICTを活用したエリアマネジメントの目標指標（KGI）の設定が必要となる。KGIの設定に特段のルールはなく、マネジメント領域における既往の動向と今後の達成目標を踏まえ、現実的な指標と目標値を設定する。ただしここでは、レバレッジ（てこの原理）を活用した設定方法を提案する。

資源生産性や環境性能に関しては、1991年にドイツのヴッパタール研究所やローマクラブが「ファクターX」の概念を提唱している。この考え方を用いて、目標指標（KGI）の設定についての基本的な考え方が整理できる。

ファクターXは「持続可能な経済社会を実現するためには、今後の50年間で先進国において資源生産性（資源投入量当たりの財、サービス生産量）を10倍向上させることが必要」というもの。1992年にはローマクラブがファクター4を提唱している。日本国内では、1999年の環境白書の「持続可能な経済社会を構築する産業活動の方向性」の項で上記を紹介し、企業に対して積極的な取組みを求めている。また、内閣総理大臣決裁により開催された「21世紀『環の国』づくり会議」においても「環境効率性の飛躍的向上が必要であり、少なくとも10倍の環境効率の向上が必要、すなわちファクターXの達成を目指すべき」との意見が出されている。

例：ファクター4＝ $\frac{\text{性能の改善度（Quality）}}{\text{環境負荷の低減度（Load）}} = \frac{2倍}{1/2倍}$ ＝4倍

分子を2倍にして、分母の1/2倍が達成できれば、資源生産性は4倍になる。

図7にファクターXを用いたKGI設定の考え方を示す。分子側に改善項目KGI、分母側に削減項目KGIが揃うよう設定すればレバレッジが効く。

エリアや施設のマネジメントが目指すものとして、分子側には各対象領域に応じた付加価値向上を置く。そして、分母側には、施設管理コストやエネルギー消費量、安心安全リスクの最小化など削減項目を設定する。この考えに基づき、エリア・施設の効率を最大化させる。エリア(街区)、商業施設、オフィスを対象領域とした目標指標(KGI)の設定例を図8に示す。な

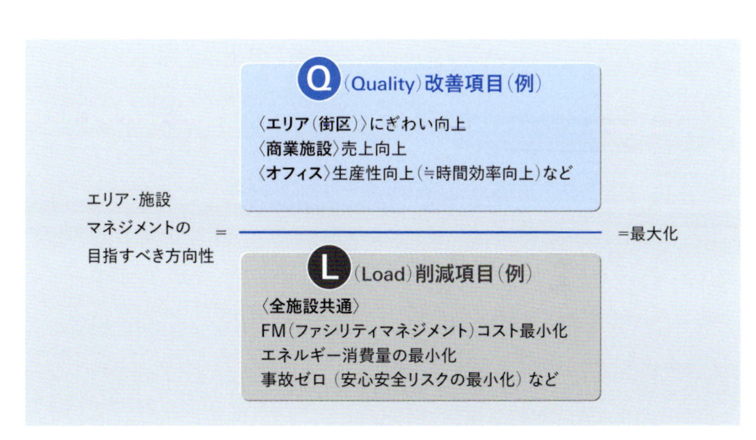

対象領域	KPI活用主体	目標指標(KGI)
エリア(街区)	エリアマネジメント組織 面的開発事業者	i)地域の活性化・にぎわいの創出 Q ii)エリアブランドの向上 Q iii)安全・安心の確保 L iv)エリア・街区管理コストの削減 L
商業施設	建物オーナー	i)テナント賃料収入の増加 Q ii)建物のバリューアップ Q iii)付加的収益の確保 Q iv)建物管理コストの削減 L
	テナント企業	i)売上高の増加 Q ii)従業者の雇用環境の向上 Q iii)テナント維持コストの削減 L
オフィス	建物オーナー	i)テナント賃料収入の増加 Q ii)建物のバリューアップ Q iii)付加的収益の確保 Q iv)建物管理コストの削減 L
	入居企業(自社ビル所有者含む)	i)知的生産性の向上 Q ii)テナント維持コストの削減 L

[**図7**] ファクターXを援用した目標指標(KGI)設定の考え方
[**図8**] 対象領域ごとの目標指標(KGI)の設定例

お、KGIの設定にあたっては、次の3項目に留意している。

❶ オフィス、商業施設については、建物所有者と入居企業（テナント企業含む）ではKGIの視点が異なるため、個別に設定する。
❷ テナント企業や入居企業の雇用環境および知的生産性の向上は、具体的な機能の活用主体がどちらであるかを適切に見きわめ、KGIを設定する。
❸ エリア（街区）、商業施設、オフィスにおけるKPI活用主体ごとに「ファクターX」の「Q（Quality）改善項目」と「L（Load）削減項目」を設定する。

エリア（街区）のKPI設定

ICTマネジメントの適用が想定されるエリア（街区）のKPIは、エリアマネジメント組織やそれに準ずる組織（面的開発事業者など）の管理主体および事業主体の視点から設定する。

すでに設定したKGI（目標指標）に基づき、KSF（重要成功要因）とKPI（重要業績管理指標）の設定例を表1に示す。

ここで大事なポイントは、KPIはデータとして測定可能な指標に限定することである。いくらよい目標を設定しても、PDCAサイクルを回すための日々のデータ管理ができなければ意味がない。

ICTを活用したマネジメントを行う最大の理由は、従来はコスト制約や技術制約などで収集できなかったデータが収集可能となり、KPIとして管理できるようになるからである。

KGIは、Q（Quality）改善項目として「i）地域の活性化・にぎわいの創出、ii）エリアブランドの向上」を設定し、L（Load）削減項目として「iii）安全・安心の確保、iv）エリア・街区管理コストの削減」をあげている。

KGIのi）については、ICTとして人流のセンサー技術を活用することで、KPIとして来街者数、来街者滞在時間、エリア内の回遊状況などが把握できる。これまで定量的な把握が困難であった地域の活性化やにぎわいの創出効果が測定可能となる。

KGIのii）については、SNSを活用したテキストマイニング分析などにより、KPIとしてブランドイメージなどが把握できる。また、KGIのiii）については、見守りカメラなどの活用によりKPIとして事故などの防犯性の向上が、KGIのiv）については、IoTやロボット活用などによりKPIとしてコスト削減効果の管理が可能となる。

KGI（目標指標）	KSF（重要成功要因）	KPI設定にあたっての視点	KPI（重要業績管理指標）
i）地域の活性化・にぎわいの創出	来街者数の維持・増加	来街者数の推移	「来街者数前年/前月比」
	滞在時間の増加	エリア内施設の滞在状況、オープンスペースでの滞在状況、エリア内回遊状況	「来街者平均滞在時間」「オープンスペースの平均滞在時間」「エリア内施設回遊割合」
	エリア内施設の活性化	エリア内施設の施設別の活動状況	「エリア内施設の空室率」「エリア内施設売上高推移」
ii）エリアブランドの向上	エリアイメージの向上	エリアイメージ、エリアブランディングの取組状況	「エリアの地価水準推移」「エリアブランディングの取組状況（広報回数等）」「SNSを活用したブランドイメージ」
	先進的なエリア活動・取組の実施	エリア団体主催のイベント実施状況	「エリアイベントの実施回数」「イベント実施による来街者増加数」
iii）安全・安心の確保	防災機能の確保	一次避難スペース、備蓄機能、帰宅困難者対策	「エリア防災訓練実施回数」
	防犯性の向上	治安維持、犯罪の軽減	「事故等発生件数」「警備員出動件数」
iv）エリア（街区）管理コストの削減	定常的コストの削減	各種定常的費用（清掃、警備等）	「各業務費用前年度比」

［**表 1**］エリア（街区）のKPI設定例

商業施設のKPI設定

商業施設の場合は、建物所有者とテナント企業では求めるKGIが異なることから、KPIも違うものとなる。各主体別のKPI設定例を示す。

[建物所有者]

KGIは、Q（Quality）改善項目として「i）テナント賃料収入の増加、ii）建物のバリューアップ、iii）付加的収益の確保」を、L（Load）削減項目として「iv）建物管理コストの削減」をあげ、そのKPIを表2にまとめている。

KGIのi）では、賃料設定の妥当性や空室率の状況をKPIとしてリアルタイムに近いかたちで近隣同種施設と比較することが、経営管理の点で有効である。KGIのii）では、建物性能のほか、利用者の利便性向上をKSFに組み込むことで、テナントの満足度向上が結果的にテナント賃料収入の増加に寄与すると考え、KPIを設定している。

KGIのiii）については、後述オフィスのKPI設定で詳述する。

KGIのiv）では、エリア（街区）と同様に、IoTやロボット活用などにより、KPIとしてコスト削減効果の管理が可能となる。

[テナント企業]

KGIは、Q（Quality）改善項目として「i）売上高の増加、ii）従業者の雇用環境の向上」を、L（Load）削減項目として「iii）テナント維持コストの削減」をあげている。KPIの設定例を表3に示す。

ポイントは、KGIのi）において、建物所有者とテナント企業がデータを共有しKPI管理を行うことである。具体的には、マーケティング情報を建物側でICTを活用して計測し、テナント企業へ情報提供を行うサービス（マーケティング情報提供付きテナント）である。さらにテナント企業側のデータを統合分析することで、より質の高いPDCAの実現を目指すことができる。

KGI（目標指標）例	KSF（重要成功要因）例	KPI設定にあたっての視点（例）	KPI（重要業績管理指標）例
i）テナント賃料収入の増加	賃料設定の適正化	同種施設との賃料比較、売上歩合等の設定	「近隣同種施設賃料比」
	空室率の低減	同種施設との空室率比較	「近隣同種施設空室率比」「空室率前年/前月比」
ii）建物のバリューアップ	建物内環境の向上	光環境、音環境、熱環境、空気環境、情報通信環境	「作業面照度」「騒音レベル」「平均温湿度」「二酸化炭素濃度」
	安全性、耐用性の確保	防災性、防犯性、機能継続性の確保、耐久性、可変性、メンテナンス性、更新性	「臨時メンテナンス発生率」
	環境性能の向上	LCA、LCCO2、省エネ評価	「省エネ対策取組状況」
	建物品格の向上	美観性、利用者満足度	「テナント（利用者）満足度」
	テナント企業への支援サービスの充実	共有スペースの充実、マーケティングサービス	「共有スペース利用率」
	利用者の利便性の向上	混雑状況緩和、利用者への情報発信、営業可能時間、建物アクセス性の向上、駐車場利便性の向上	「混雑時EV平均待ち時間」「混雑時駐車場平均待ち時間」「フードコート・レストラン平均待ち時間」
iii）付加的収益の確保	ESG投資獲得への貢献	「GRESB」、「健康経営指標」等の既往指標への対応	「GRESB/健康経営指標等の指標計測率」
iv）建物管理コストの削減	定常的コストの削減	各種定常的費用（日常点検、法定点検、清掃、警備等）	「各業務費用前年度比」
	中長期修繕の最適化	建物劣化診断、建物保全台帳整備、戦略的修繕計画立案	「修繕費予実差異」

KGI（目標指標）例	KSF（重要成功要因）例	KPI設定にあたっての視点（例）	KPI（重要業績管理指標）例
i）売上高の増加	利用者の増加	再訪頻度	「来店者数増加率」「再訪率」
	売上単価の増加	滞在時間の増加	「平均滞在時間」
	マーケティングに資する情報提供	来店者属性（年齢、性別、インバウンド、居住地等）、利用者動線、混雑度・待ち行列等	「ターゲット属性の入居建物来館比」「購買率」「平均待ち時間」「店舗前通行量」「キャプチャーレート（店舗前通行者に対する入店者の割合）」「パワーアワー（1日のうちで最も高い購買率をもつ時間帯）」「スタッフサービスレベル（来客に対するスタッフの人数）」「その他属性別データ」
	利用者の利便性の向上	利用者満足度、混雑状況緩和、利用者への情報発信、営業可能時間、建物アクセス性の向上、駐車場利便性の向上	「利用者満足度」「混雑時EV平均待ち時間」「混雑時駐車場平均待ち時間」「フードコート・レストラン平均待ち時間」
ii）従業者の雇用環境の向上	施設内厚生機能の充実	－	「施設内厚生機能利用率」
iii）テナント維持コストの削減	賃料負担の軽減	－	「売上に占める賃料負担率」
	定常コスト（テナント負担分）の削減	光熱水費削減	「光熱水費前月/前年同月比」

[**表2**] 商業施設（建物所有者）のKPI設定例
[**表3**] 商業施設（テナント企業）のKPI設定例

オフィスのKPI設定

オフィスのKPIも、建物所有者と入居企業では求められるKGIが異なる。各主体別のKPI設定例を以下に示す。

［建物所有者］

KGIは、Q（Quality）改善項目として「i）テナント賃料収入の増加、ii）建物のバリューアップ、iii）付加的収益の確保」を、L（Load）削減項目として「iv）建物管理コストの削減」をあげ、そのKPIを表4にまとめている。

KGIのi）とiv）のKPIは、先述の商業施設のKPI設定と概ね同様である。

KGIのii）では、建物性能の維持向上のPDCAサイクルを基軸に、継続的な計測が可能なKPIを設定している。単なる設計仕様ではなく、建物運用段階において評価できる指標とすることが重要である。

KGIのiii）のKPIは、昨今のESG*[12]投資の普及・拡大を背景にしている。ESG投資とは、環境、社会、企業統治に配慮している企業を重視・選別して行う投資を指す。2006年に国際連合が、投資家がとるべき行動として責任投資原則PRI*[13]を打ち出し、ESGの観点から投資するよう提唱した。そのため、欧米の機関投資家を中心に企業の投資価値を測る新しい評価項目として関心を集めるようになり、近年、日本でも普及拡大の傾向にある。建物所有者は、より建物性能の評価制度などへの対応が求められるものと思われる。設定されている各指標への対応状況をKPIとして把握するなら、建物所有者は間接的にESG投資の獲得に寄与するといえるだろう。

12：Environment（環境）、Social（社会）、Governance（企業統治）

13：Principles for Responsible Investment

［入居企業］

KGIは、Q（Quality）改善項目」として「i）知的生産性の向上」を、L（Load）削減項目として「ii）テナント維持コストの削減」をあげている。KPIの設定例を表5に示す。KGIのi）知的生産性の向上については、「働き方改革」に代表される人事・労務制度の改革による効果も含まれるが、個別企業の経営戦略に影響する部分も大きいため、ここでのKPIはオフィス空間や建物仕様に起因する指標に限定し、例示している。

KGI（目標指標）例	KSF（重要成功要因）例	KPI設定にあたっての視点（例）	KPI（重要業績管理指標）例
i）テナント賃料収入の増加	賃料設定の適正化	同種施設との賃料比較	「近隣同種施設賃料比」
	空室率の低減	同種施設との空室率比較	「近隣同種施設空室率比」「空室率前年/前月比」
ii）建物のバリューアップ	建物内環境の向上	光環境、音環境、熱環境、空気環境、情報通信環境	「作業面照度」「騒音レベル」「平均温湿度」「二酸化炭素濃度」
	安全性、耐用性の確保	防災性、防犯性、機能継続性の確保、耐久性、可変性、メンテナンス性、更新性	「臨時メンテナンス発生率」
	環境性能の向上	LCA、LCCO2、省エネ評価	「省エネ対策取組状況」
	建物品格の向上	美観性、利用者満足度	「テナント（利用者）満足度」
	入居企業への支援サービスの充実	健康経営に資する共用サービス、共有スペースの充実	「共有スペース利用率」
iii）付加的収益の確保	ESG投資獲得への貢献	「GRESB」、「健康経営指標」等の既往指標への対応	「GRESB/健康経営指標等の指標計測率」
iv）建物管理コストの削減	定常的コストの削減	各種定常的費用（日常点検、法定点検、清掃、警備等）	「各業務費用前年度比」
	中長期修繕の最適化	建物劣化診断、建物保全台帳整備、戦略的修繕計画立案	「修繕費予実差異」

KGI（目標指標）例	KSF（重要成功要因）例	KPI設定にあたっての視点（例）	KPI（重要業績管理指標）例
i）知的生産性の向上	就業空間の快適性	室温等が快適、作業面が明るい	「照明制御最適化率」「空調制御最適化率」
	コミュニケーションの充実	友好的、挨拶が多い、笑う機会が多い、雑談することがある	「コミュニティ空間利用率」「オフィス内交流機会度」「会議出席率」
	健康増進	オフィス内をよく歩く	「オフィス内歩数」「階段利用率」
	労働時間の効率化	会議時間の削減、EV待ち時間軽減	「混雑時EV平均待ち時間」「会議予定時間超過率」
	作業空間（集中時間）の確保	作業集中時間	「従業員在席率」
	気分転換・休憩	リフレッシュ空間の利用	「リフレッシュ空間利用率」
ii）テナント維持コストの削減	賃料負担の軽減	–	「売上に占める賃料負担率」
	定常コスト（入居企業負担分）の削減	光熱水費削減	「光熱水費前月/前年同月比」

[**表4**] オフィス（建物所有者）のKPI設定例
[**表5**] オフィス（入居企業）のKPI設定例

マネタイズスキームの構築

対象エリアの想定

ICTエリアマネジメントを事業組織として成立させ、継続的なマネジメントを実施していくためには、マネタイズスキーム、つまり「収益計画の構築」が求められる。これまで、エリアマネジメント組織では、安定的な財源の確保を主要な課題としてきた。先述の2018年の地域再生エリアマネジメント負担金制度の創設により、一定の安定的財源確保は法的に規定されてはいるが、さらにICTエリアマネジメントの導入により、収集データのマネタイズを創出する必要がある。

ここでは、p.037の図21の❶「主要交通結節点における駅周辺の一定エリア」を対象としたマネタイズスキームを考えよう。

［想定するエリアマネジメント組織］

- 対象エリア内には複数の異なる建物所有者の建物（オフィス、商業施設ほか）が立地する（図9）。
- エリア内の建物所有者全員がエリアマネジメント組織の構成員となり、各者が一定の出資、分担金を負担して、エリアマネジメント組織を設置・運営する。

各主体の役割分担

ここでは、ICTエリアマネジメントで必要となるICT機器設置・データ取得・データ利活用について各主体の役割分担（例）を設定する。エリア・組織特性などの個別事情に鑑み、基本例として、人流、エネルギー、建物ファシリティを対象に役割分担を設定した（表6）。

［A］人流データについては、エリア外およびエリア内共有部はエリアマネジメント活動の基盤データとなる。そのため、エリアマネジメント組織がエリア内の機器設置・データ取得・データ利活用を行う。なお、エリア外の人

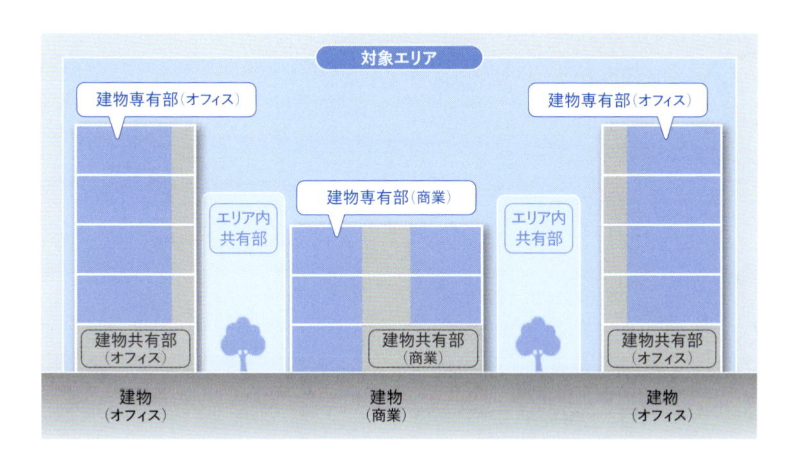

<table>
<tr><th colspan="3">データ種別</th><th rowspan="2">ICT機器設置</th><th rowspan="2">データ取得</th><th rowspan="2">データ利活用</th></tr>
<tr><th>分類</th><th colspan="2">対象エリア</th></tr>
<tr><td rowspan="6">［A］人流データ</td><td colspan="2">エリア外
エリア内共有部</td><td>エリアマネジメント組織</td><td>エリアマネジメント組織</td><td>エリアマネジメント組織</td></tr>
<tr><td rowspan="4">建物共用部</td><td rowspan="2">Case ①</td><td rowspan="2">エリアマネジメント組織</td><td rowspan="2">エリアマネジメント組織</td><td>エリアマネジメント組織</td></tr>
<tr><td>建物所有者</td></tr>
<tr><td rowspan="2">Case ②</td><td rowspan="2">建物所有者</td><td rowspan="2">建物所有者</td><td>エリアマネジメント組織</td></tr>
<tr><td>建物所有者</td></tr>
<tr><td colspan="2">建物専有部
（商業・オフィス）</td><td>建物所有者</td><td>建物所有者</td><td>入居テナント</td></tr>
<tr><td rowspan="3">［B］エネルギーデータ
（エネルギー使用量等）</td><td colspan="2">エリア内共有部</td><td>エリアマネジメント組織</td><td>エリアマネジメント組織</td><td>エリアマネジメント組織</td></tr>
<tr><td colspan="2">建物共用部</td><td>建物所有者</td><td>建物所有者</td><td>建物所有者</td></tr>
<tr><td colspan="2">建物専有部
（商業・オフィス）</td><td>建物所有者</td><td>建物所有者</td><td>入居テナント</td></tr>
<tr><td rowspan="2">［C］建物ファシリティデータ
（EV運行状況、建物保守関連データ）</td><td colspan="2">建物共用部</td><td>建物所有者</td><td>建物所有者</td><td>建物所有者</td></tr>
<tr><td colspan="2">建物専有部
（商業・オフィス）</td><td>建物所有者</td><td>建物所有者</td><td>入居テナント</td></tr>
</table>

［**図9**］対象エリア内のイメージ

［**表6**］各主体のICT機器設置・データ取得・データ利活用の役割分担

流データは外部のデータホルダーと協働する。

建物共用部は、エリア内の外部空間との一体性を考えた場合、エリアマネジメント組織が建物共用部と一体的に機器設置・データ取得・データ利活用(データ利活用は建物所有者も実施)を行うことが有効と考える(Case①)。一方、機器設置は建物内のため、機器設置・データ取得は建物所有者が実施し、エリアマネジメントに必要なデータを、エリアマネジメント組織に無償提供するケースも考えられる(Case②)。建物専有部は、機器設置、データ取得は建物所有者が実施し、入居テナントへデータを有償提供または建物所有者がマーケティング情報を提供するサービス(マーケティング情報提供付きテナント:分析・レポートまでを賃料に包含)が考えられる。

[B]エネルギーデータについてはどうか。エリア内共有部は、エリアマネジメント組織が機器設置・データ取得・データ利活用を行う。建物共用部は、建物所有者がデータ取得・データ利活用を行うことが基本となろう。建物専有部は、効率性とデータ利活用の観点から建物所有者が機器設置・データ取得を行い、入居テナントに情報提供する(有償無償は個別事情によるが基本的には人流データと同様)。

[C]建物ファシリティデータは、建物所有者の利活用が基本であるため、建物所有者が一元的に機器設置、データ取得・データ利活用する。建物専有部は、エネルギーデータと同様の扱いになると考える。

マネタイズスキームの考え方

以上を踏まえ、ICTエリアマネジメントのマネタイズスキーム(例)を図10に示す。

「エリアマネジメント組織」は、エリア内で収集したデータを分析し、エリアブランディングに活用する。

データを利活用したイベント運営は、よりリスクを抑え、集客性を高めるイベント開催を可能とする。また、エリア内共用部の人流データは、エリア内の広告施設のダイナミックプライシングに活用できる。季節・天候・曜日・個人属性などが把握でき、ターゲット層に合った広告主に新規提案を可

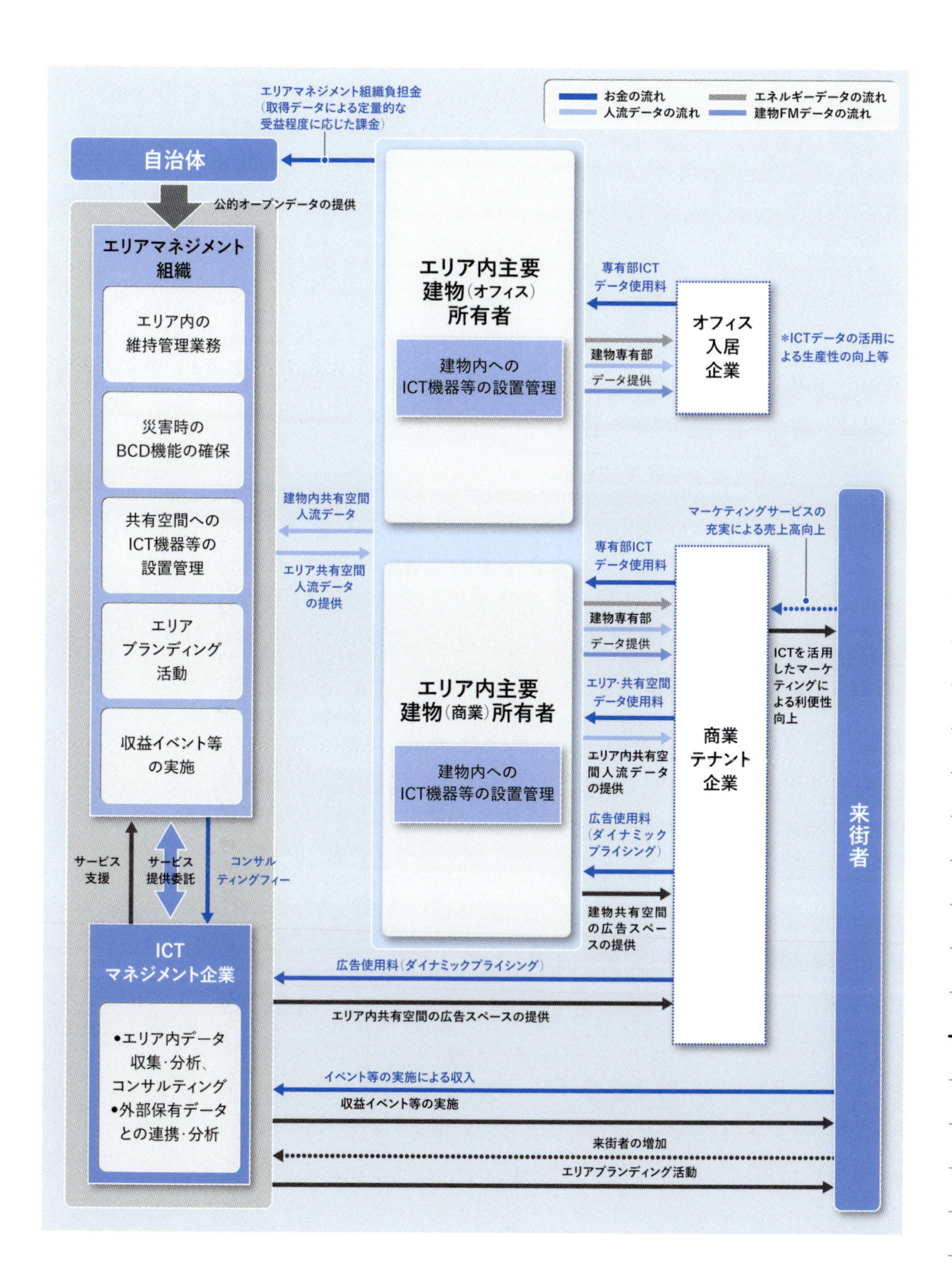

[図10] エリア(街区)を対象とした場合のマネタイズスキーム(例)

能とする。

共用駐車場も同様にダイナミックプライシングの対象となる。駐車データ単体利活用もあるが、来街者とクルマのデータを連動することで、交通戦略を踏まえたマーケティングも可能となる。

商業テナントに関しては、来街者のデータ分析を通じて、時流に応じた継続的な集客向上に資するテナントポートフォリオの検討もできる。

また、収集データに行政オープンデータや民間データをマッシュアップするなら、より付加価値の高いデータ分析が可能となる。

さらに、収集データは、エリアマネジメント組織の受益に応じた企業負担金の公平な評価にも活用可能である。

「建物所有者」は、人流データを入居テナントに提供することで、データ使用料のマネタイズが可能となる。エリア内共有部と建物共用部、建物専有部データは、建物所有者がセットにして入居テナントへ提供することがより有益と考えられる。

建物共用部の広告施設・スペースは、ダイナミックプライシングによる広告料のマネタイズが可能である。

また、エネルギーデータ、建物ファシリティデータは、運営上のコスト削減に直接的に利用可能である。

「入居テナント(商業テナント・オフィスなど)」は、エリアマネジメント組織や建物所有者からの提供データに加え、自らのポイントカードやPOS*14データ、社員の行動・人事評価データなどを組合せることで、マーケティングや生産性向上、コスト削減の検討に活用できる。

14 : Point of Sales

「来街者」にとっては、ICTエリアマネジメントにより、当該エリアの利便性と安全性向上などの満足度が高まり、エリアに対する魅力度が増し、滞在時間とリピート率が向上する。特に、ICT利活用による言語バリア・移動時間ロスの解消は、国際的な知名度を高め、インバウンド観光客の増加が期待される。

データを知識とするために必要なデータレイヤー

ICTエリアマネジメントの実効性を高めるには、都市経営情報プラットフォームの構築が有効であると述べてきた。それにはまず、必要な都市情報を収集し、KPIに基づくデータレイヤーを整理し、当該プラットフォームをシステムとして構築・統合・運用していくことである。

特に、経営視点として単なる情報のモニタリングツールではなく、データ(Data)→情報(Information)→知識(Knowledge)→知恵(Wisdom)として活かす意識が非常に重要となる。

ICTエリアマネジメントに必要な3段階のデータ階層とそのデータ群を紹介(→p.135図3)したが、KPI管理型のPDCAを確実に実行するためには、

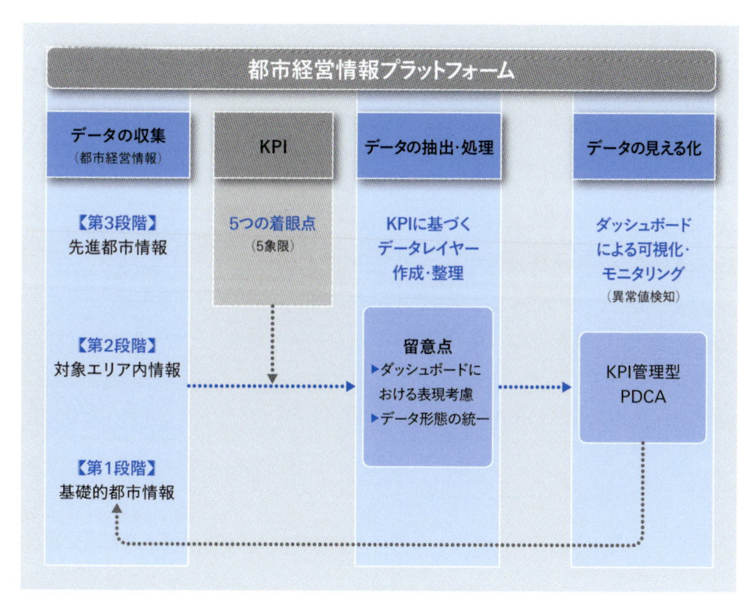

[**図11**] データレイヤーの整理とプラットフォームの枠組みイメージ

これらのデータ群から必要なデータを適切に取捨選択して、一つのデータレイヤーとして整理する必要がある(図11)。その際、一つのデータレイヤーが特定のKPI(一つのKPI指標)を表現するように構成するのがよい。整理されたデータレイヤー群が、五つの着眼点(5象限)(→p137図4)で検討されるKPIを網羅し、後述するダッシュボード上に表示されることで、エリアマネジメントのモニタリングに利活用できるようになる。

なお、一つのデータレイヤーとして整理する際には、次のことに留意しなければならない。

- ダッシュボードにおける表現方法(地理空間情報としてのマッピング表示、グラフによる表示、数値データによる表示 など)
- データ形態の統一(必要なデータの解像度:ストックデータもしくはフローデータ、データの更新間隔、空間規模 など)

エリアマネジメントは複合用途・施設が対象となるため、ここでは一例として、商業施設(テナント企業)を対象としたデータレイヤーのイメージを紹介する。図12に示すように、多くのデータレイヤー(各KPI指標)は、ICTを活用して建物側でのセンシングや画像解析などによってデータ収集が可能となってきている。データを知恵とする流れを例示する。

[データ] 例えば、店舗前通行量は、Wi-Fiログやビーコン、カメラの画像解析によってカウントすることができる。

[情報] そのデータを集計し、グラフ化や店舗前通行量のマッピング、敷地内の地図とマッシュアップする。すると、ひと目で敷地内の通行量が把握できる。

[知識] 表示方法としては、1時間単位で(できるだけリアルタイムに)集計・表示を行い、敷地内全体の時間変化やピーク時間帯の状況把握、過去とのトレンド比較を行うことが有用となる。

[知恵] 収集したデータを適切に処理すれば、テナント企業のPDCAの迅速化や売上向上、満足度向上につながる。最終的に建物所有者の収益性の向上に還元される。

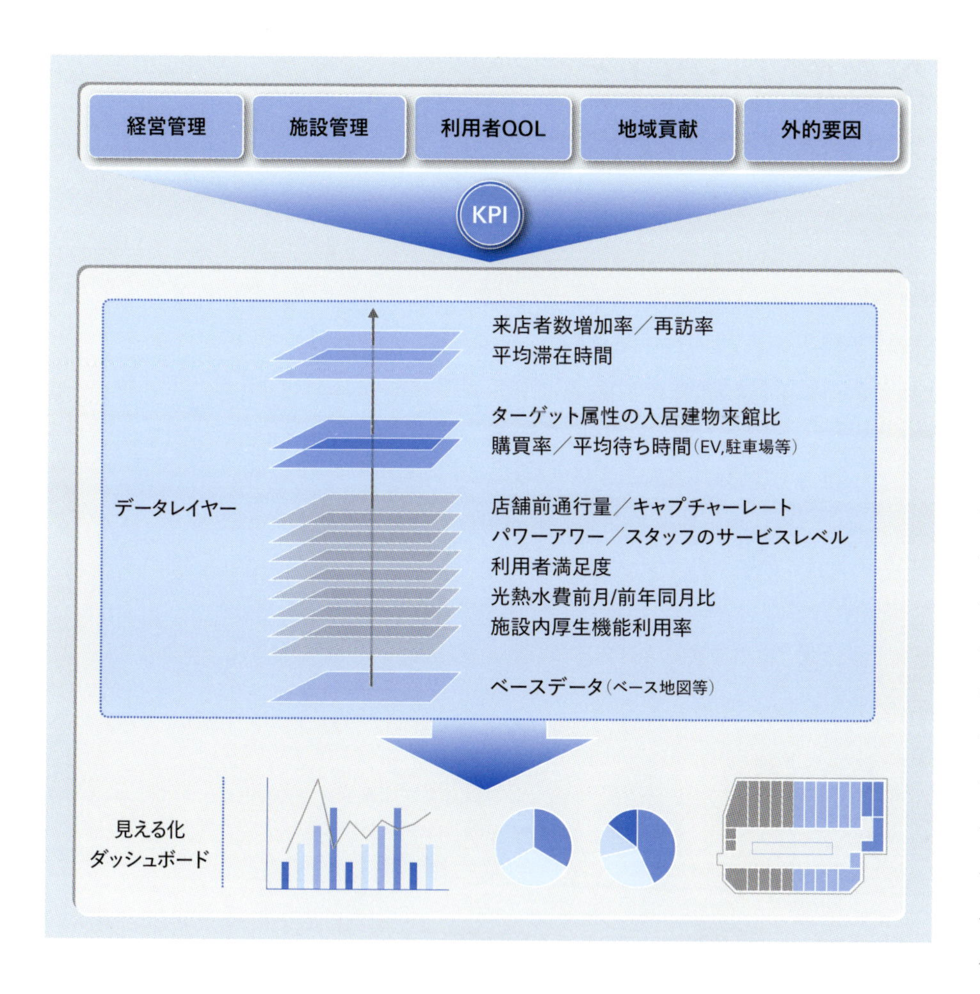

［図12］データレイヤーのイメージ（例：商業施設／テナント企業）

合意形成に資するダッシュボードのイメージ

ICTエリアマネジメントを効率的に遂行するためには、管理者と運営者が情報を供用するためのダッシュボードの存在が有効となる。現時点で、国内の事例は確認できないが、海外においては、図13のロンドンのシティダッシューボード、建物レベルでは図14のオランダアムステルダムのエッジビルのダッシュボードなどの代表例が存在する。

対象スケールは異なるが、両事例ともに管理すべきKPIを特定のうえ、KPIの動きが常時モニタリングできるように設計・運用されている。これにより、管理者は異常値を早期に認識できる。蓄積されるデータベースに分析を加えることで、運用改善に向けた評価結果・定量値を得ることができる。

[図13] London City Dashboard
http://citydashboard.org/london/

ダッシュボードの機能として、データを集積し、データ分析（マッシュアップ、グラフ化）・見える化し、情報の分析結果（≒知識）を表示することで、経営に資する知恵につなげることが可能となる。

今後、ICTを活用した都市／エリアマネジメントの推進にともない、国内外の多くの都市／エリアで、ダッシュボードが実装されることを期待する。

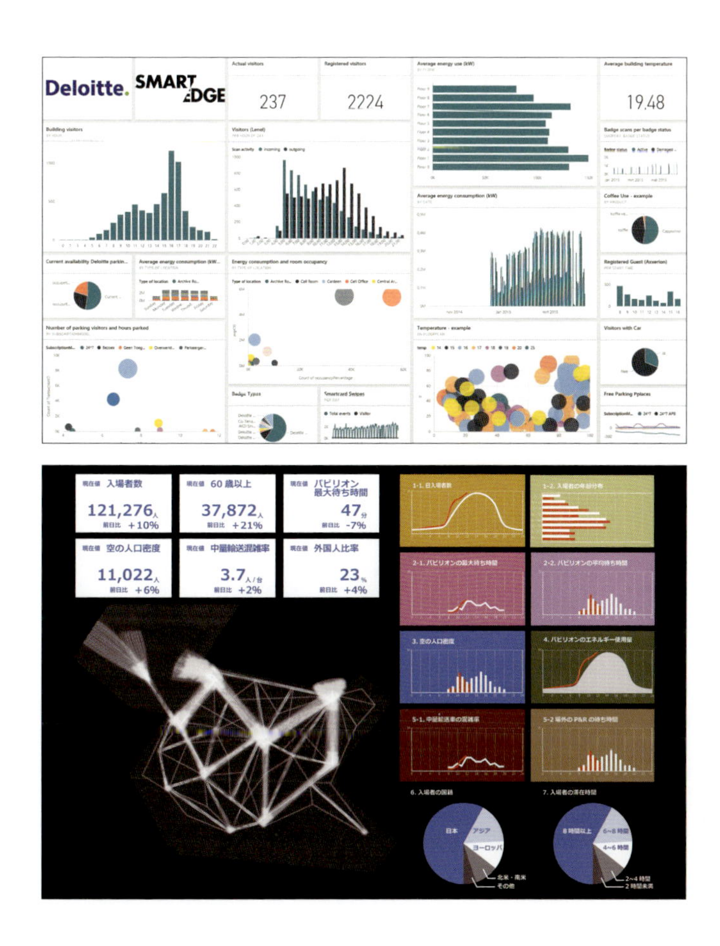

［**図14**］Building Dashboard（the Edge in Amsterdam）
https://www.bloomberg.com/features/2015-the-edge-the-worlds-greenest-building/
［**図15**］2025日本万国博覧会（立候補申請文書）
Digital Site System with BIM/CIMイメージ（筆者による日本語訳）
http://www.meti.go.jp/policy/exhibition/osaka2025.html

持続成長可能な都市に向けて

1997年、英国の民間事業家ジョン・エルキントンが企業活動に関して、経済面に加え、環境的側面・社会的側面も視野に入れて評価するトリプルボトムラインの概念を提唱した。その精神は世界の多くの企業に取り入れられ、現在、CSR*15（企業の社会的責任）として定着している。

15：Corporate Social Responsibility

また、先にも記したように、投資の分野でも2006年にコフィー・アナン元国際連合事務総長が提唱したPRI（責任投資原則）を受け、環境・社会・企業統治に配慮したESG投資が普及している。

これまで述べてきたICTの進展は、2018年現在、どちらかというと経済面と社会面への取組みが強く前面に出ている。持続可能な開発（発展）の概念からは、ICTをトリプルボトムラインに組み込み、ファクターXの概念のもと、少しでも少ない資源投入・消費で、社会・経済・環境を成立させ、最

［**図16**］SDGs（持続可能な開発目標）の17のゴール

大のアウトカムを実現するとともに、相反するトレードオフのバランスを正常化させるよう機能することが重要と考えている。

16 : Sustainable Development Goals

また2015年には、国連サミットにおいてSDGs*16（持続可能な開発目標）が採択され、2030年までの国際目標として、持続可能な世界を実現するための17のゴール・169のターゲットが明示されている（図16）。17のゴールの内、特に3と6〜12のゴールは、都市の課題と直結し、2030年までの国際目標ではあるが、今後の進むべき方向性を提示している。わが国でもSDGsへの各種取組みが進んでいる。

都市をバリューアップし、持続成長可能な都市への取組みとして、「コンパクトシティ」の推進や「TOD」の高度化が有効な施策であると思う（図17）。そして、これまで述べたとおり、今後はハード面の対策のみならず、ICTを活用した街を効率よく徹底的に使いこなすアプローチが重要になるだろう。また、持続成長には、効率性や経済合理性のみならず、多様な価値創造を支援・発展させる環境配慮の視点も忘れてはならない。

今後、国際競争力を有した接続成長可能な都市を創るにあたっては、国際目標である社会・経済・環境に配慮した街づくりを進めるとともに、都市／エリアバリューを高度化させる、ICTを活用したデータ利活用型都市マネジメントの実装がスタンダードになると確信している。

［図17］持続成長可能な都市に向けて（イメージ）

[**文献1**] レイ・カーツワイル、The Singularity IS Near『ポスト・ヒューマン誕生』NHK出版、2007年
[**文献2**] ジェレミー・リフキン、The Zero Marginal Cost Society『限界費用ゼロ社会』NHK出版、2015年
[**文献3**] ケヴィン・ケリー、The Inevitable『インターネットの次に来るもの』NHK出版、2016年

おわりに

これからの都市を創る、データ利活用型都市マネジメントの一つ「ICTエリアマネジメント」の概念・必要性・有効性について、ご理解いただけただろうか。

世の中の進展・進化は大半の事象が、スモールスタート・ビッググロースである。国際競争力を有した持続成長可能な都市・エリアを創るには、個々のエリアでもっとも効果（改善）が期待できる事項から取り組み、社会実装と成功例を積み上げ、水平展開とその高度化を図ることが重要である。

本書は日建設計総合研究所において、実務ならびに自主研究として検討してきた代表的・実用的な成果を、わかりやすく伝えようと、まとめたものである。とはいえ、いまだ道半ばであり、今後も社会実装、高度化を図ることに努めたい。本書に含めることができなかった進行中の研究内容については、今後も多様な形で広くお知らせしていこうと考えている。

ところで、本書の確認作業が最終段階となる頃、うれしいニュースが飛び込んできた。2025年日本万国博覧会（大阪万博）開催が決定したのである。2015年から意義・テーマ・候補地検討をはじめとし、根幹となる基本構想案などの作成に携わってきた。本書に記したことを是非、万博会場となる夢洲で実現していきたいと思う。

最後になりましたが、本書の作成にあたり、ご支援とご協力をいただきました皆さまに厚くお礼申し上げます。

特にPartIIの最新事例に関しては、多くのデータ保有企業との協働成果を掲載させて頂きました。ソフトバンク株式会社、株式会社Agoop、株式会社ゼンリン、株式会社ゼンリンデータコム、カルチュア・コンビニエンス・クラブ株式会社の関係者の皆様には、この場を借りて感謝の意を表します。

2018年11月　川除 隆広

著者・スタッフ紹介

川除 隆広［かわよけ・たかひろ］

株式会社日建設計総合研究所 理事 上席研究員、ビッグデータ・建築都市経済グループマネージャー

1968年京都市生まれ。1995年東京理科大学大学院修士課程修了。2001年京都大学大学院博士課程修了。1995年株式会社日建設計入社を経て現職。

博士（工学）、技術士（総合技術監理部門）。専門は、都市計画、都市情報分析、事業評価、官民連携事業など。

総務省ICT街づくり推進会議スマートシティ検討WG構成員、総務省データ利活用型スマートシティ推進事業外部評価委員、CASBEE都市検討小委員会委員、CASBEE街区検討小委員会幹事などを務める。

寄稿に「ICTと都市マネジメント」建築学会誌（2017-11）、［「スマートエネルギー都市の実現：国際競争力確保に向けて」への提言］鋼構造技術情報誌JSSC（2016-夏季）ほか。共著にNSRI選書002『スマートシティはどうつくる？』（工作舎、2014年）がある。

［執筆・協力］

伊藤 慎兵（日建設計総合研究所）

大久保 岳史（日建設計総合研究所）

佐竹 康孝（日建設計総合研究所）

渡部 裕樹（日建設計総合研究所）

アイ・シー・ティ
ICTエリアマネジメントが都市を創る
街をバリューアップするビッグデータの利活用

発行日――――2019年1月20日
著・監修――――川除隆広

編集――――田辺澄江
エディトリアルデザイン――佐藤ちひろ
編集・制作協力――――木村千博、岡村英樹
印刷・製本――――株式会社精興社
発行者――――十川治江
発行――――工作舎
editorial corporation for human becoming
〒169-0072
東京都新宿区大久保2-4-12-12F
phone: 03-5155-8940　fax: 03-5155-8941
URL: https://www.kousakusha.co.jp
E-mail: saturn@kousakusha.co.jp
ISBN978-4-87502-502-3

NSRI[日建設計総合研究所]の本

NSRI選書――1

持続可能な低炭素都市を支える

エネルギー自立型建築

丹羽英治――監修・著

ISBN978-4-87502-452-1
B6変型判
200ページ+
カラー口絵8ページ
定価=本体1,200円+税

省エネや再生可能エネルギー等により建物のエネルギー収支ネット・ゼロを実現する「ZEB」の基本概念とそのアプローチ方法を紐解く。日建グループのシンクタンク、日建設計総合研究所からのNSRI選書第1弾。

NSRI選書――2

最新の都市開発のノウハウを結集

スマートシティはどうつくる?

山村真司――監修・著

ISBN978-4-87502-462-0
B6変型判
200ページ+
カラー口絵8ページ
定価=本体1,200円+税

環境に配慮しつつ、エネルギー、水資源、情報通信、交通など、暮らしを構成するすべての機能をつなげ、快適な生活をもたらす「スマートシティ」。世界の都市が取り組むスマート化の課題と実現へのプロセスを解く。

NSRI選書――3

建築―街区―都市の省エネ術

エネルギーマネジメントが拓く未来

湯澤秀樹――監修・著

ISBN978-4-87502-469-9
B6変型判
216ページ+
カラー口絵8ページ
定価=本体1,200円+税

建物・街区・都市の実態調査からエネルギー性能を評価し、問題点を見つけ、改善策としての技術開発やその活用法、事業化に取り組む。持続可能な未来社会を見すえたエネルギー管理は喫緊の課題。

15歳までに読んでおきたいエコ絵本

やりくりーぜちゃんと

地球のまちづくり

日建設計総合研究所――作・画

節約上手な“やりくりーぜちゃん”といっしょに、地球温暖化のメカニズム、ふだんの生活や建物のくふう、これからのまちづくりについて考える絵本。子どもたちに環境のことをきちんと話してあげたい、お父さん・お母さんにも読んでほしい一冊。

ISBN978-4-87502-458-3
A5変型判/オールカラー 72ページ
定価―本体1,000円+税